TRIZ 创新方法及应用案例分析

赵新军　孔祥伟　主编

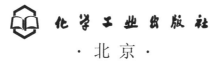

·北京·

技术创新的核心是在产品/服务的研发、设计、制造、生产、管理、销售及售后服务等全生命周期的各阶段，产生出的新的能满足日益个性化的顾客需求、有市场竞争力的创意、解决问题的原理或方法，进一步推进技术的发展。

本书结合大量的工程应用实例，对创新方法及 TRIZ 理论进行了详细分析和论述。本书从创新思维、技术问题的识别与分析入手，在明确和寻找到技术问题关键点的基础上，应用解决问题的工具与方法得到可能的解决方案。对书中内容的学习，有助于打破思维定式，避免产生思维惰性，增强创新、创造或发明意识，挖掘自身的潜能，使问题得以解决。

本书可作为企事业单位从事产品设计、技术开发相关工作的工程技术人员和高等院校相关专业师生的参考用书，也可作为创新创业以及发明创造爱好者的参考用书。

图书在版编目（CIP）数据

TRIZ 创新方法及应用案例分析/赵新军，孔祥伟主编．—北京：化学工业出版社，2020.1（2021.6 重印）

ISBN 978-7-122-35763-2

Ⅰ.①T… Ⅱ.①赵…②孔… Ⅲ.①创造学-研究 Ⅳ.①G305

中国版本图书馆 CIP 数据核字（2019）第 266438 号

责任编辑：金林茹　张兴辉　　　　　　　　文字编辑：陈　喆
责任校对：杜杏然　　　　　　　　　　　　装帧设计：王晓宇

出版发行：化学工业出版社（北京市东城区青年湖南街 13 号　邮政编码 100011）
印　　装：北京盛通数码印刷有限公司
787mm×1092mm　1/16　印张 13½　字数 308 千字　2021 年 6 月北京第 1 版第 2 次印刷

购书咨询：010-64518888　　　　　　　　　售后服务：010-64518899
网　　址：http://www.cip.com.cn
凡购买本书，如有缺损质量问题，本社销售中心负责调换。

定　　价：79.00 元　　　　　　　　　　　　　　　　　　　　版权所有　违者必究

前言

随着经济、技术和社会的不断发展与进步，企业面临的市场竞争日益激烈。企业竞争的关键在于企业的人才和技术。如果企业拥有掌握先进技术和具有创造能力、创新意识的员工，那么，企业就会在竞争中立于不败之地。

在实际生产工作中，人们经常会遇到各种各样的技术问题，由于每个人的知识、经验、阅历不同，因此解决问题的能力也不同。同样的问题有的人很容易就能解决，而另一些人不能解决或费很大的精力才能解决。因此，许多科学家研究是否有某种理论或方法能让后一种人经过学习或锻炼，像前一种人一样轻松地解决遇到的问题；能否用启发的方式、类推的方法有效地帮助人们解决问题。研究成果表明，人们的发明创造能力、创新意识的高低强弱，不完全取决于遗传特性，它不完全是天生的或依靠灵感产生的，而是可以借助某些理论或方法后天培养和锻炼的。每个人都有发明创造、创新的潜能，只不过是没有充分地被挖掘出来。如果每个人的创造潜能都能被挖掘和发挥出来，那么人人都能成为发明家，都可以开展发明创造活动，解决技术难题，实现技术创新。

由 G. S. Altshuller 发明的解决发明创造问题的理论（TRIZ）恰恰可以帮助人们解决上面遇到的问题。这种理论可以有效地帮助人们挖掘和开发自己的创造潜能，使每个人都能提高创新意识，成为解决问题的行家里手。

目前为止，TRIZ 被认为是全面、系统论述解决发明创造问题、实现技术创新的新理论，它在欧美被称为"超发明术"。G. S. Altshuller 以技术系统进化原理为核心，丰富和发展了哲学的三大定律，构建了具有辩证思想的解决发明创造问题、实现技术创新的理论体系。该理论非常适合企业解决各种工程技术问题或冲突，实现技术创新与技术突破。

本书大量实际工程应用案例，从创新思维方法和技术问题的识别与分析方法入手，在明确和寻找到解决技术问题关键点的基础上，应用解决工程技术问题的工具与方法得到可能的解决方案。全书共分三部分：第一部分是创新方法概述，包括绪论和思维惯性与 TRIZ 的创新思维与方法；第二部分是创新问题的识别与分析方法，包括系统的功能分析方法、物-场分析方法、系统的资源分析方法、系统的流分析方法、因果链分析、技术系统进化规律分析；第三部分是创新问题的解决原理与方法，包括冲突及冲突解决原理与方法、解决问题的科学效应与知识库。本书的重点内容是第二部分。

在中国科学技术协会和科技部等相关部门的项目资助下，笔者对TRIZ进行了比较全面、系统的学习，并开展了研究、应用和推广等工作。通过对50余个企业的工程技术及管理人员开展TRIZ的培训工作，使万余人受益，涉及机械、军工、汽车、家电、化工、农业、冶金等10余个行业，笔者也积累了丰富的创新方法与解决实际工程技术问题的经验，对TRIZ有了比较深刻的体会和认识。

本书由赵新军、孔祥伟主编，其他参与编写的人员有钟莹、孙晓枫、赵莹、胡智勇、周伟。同时，书中许多内容和观点也借鉴和参考了国内许多创新方法研究资深专家（檀润华、赵敏、罗玲玲、林岳等）的研究成果，在此表示衷心感谢！田美玲、陈亮和郝文静等研究生为本书的完成提供了大量素材和案例，在此一并表示感谢。

由于学习、研究和应用TRIZ的时间较短，书中的观点和内容如有不妥之处，欢迎批评指正。

赵新军

目录

第一部分 创新方法概述

第1章 绪论 ······ 2

- 1.1 创造与创新 ······ 2
- 1.2 创新原理及技法 ······ 7
- 1.3 TRIZ 的产生和主要内容 ······ 7
- 1.4 TRIZ 的重要发现 ······ 10
- 1.5 发明创造问题的一般解决方法 ······ 14
- 1.6 发明创造的等级划分 ······ 16
- 1.7 TRIZ 的应用及未来发展 ······ 17
- 1.8 案例分析 ······ 19
- 思考与练习 ······ 20

第2章 思维惯性与TRIZ的创新思维与方法 ······ 21

- 2.1 思维惯性 ······ 22
- 2.2 九屏幕法 ······ 22
- 2.3 尺寸-时间-成本法 ······ 23
- 2.4 聪明小人法 ······ 25
- 2.5 金鱼法 ······ 27
- 2.6 最终理想解法 ······ 28
- 2.7 案例分析 ······ 29
- 思考与练习 ······ 31

第二部分 创新问题的识别与分析方法

第3章 系统的功能分析方法 ······ 34

- 3.1 功能分析 ······ 34
- 3.2 组件分析 ······ 35
- 3.3 组件间的相互作用分析 ······ 36
- 3.4 功能建模 ······ 37

3.5 创建功能模型	43
3.6 功能分析案例	44

第 4 章 物-场分析方法 49

4.1 如何构建物-场模型	50
4.2 利用物-场模型分析实现创新	55
4.3 案例分析	57
思考与练习	65

第 5 章 系统的资源分析方法 66

5.1 概述	66
5.2 系统的资源分类	66
5.3 利用资源	68
5.4 案例分析	69

第 6 章 系统的流分析方法 71

6.1 流的定义与分类	71
6.2 流分析方法	72
6.3 流问题的分析步骤	74
6.4 案例分析	75

第 7 章 因果链分析 79

7.1 因果链分析	79
7.2 缺陷的分析	79
7.3 因果链的分析步骤	83
7.4 案例分析	84

第 8 章 技术系统进化规律分析 88

8.1 技术进化过程实例分析	89
8.2 技术系统进化规律与模式	90
8.3 技术成熟度预测方法	116
8.4 案例分析	117
思考与练习	127

第三部分 创新问题的解决原理与方法

第 9 章 冲突及冲突解决原理与方法 130

9.1 概述	130

9.2 物理冲突及其解决原理 ……………………………………………………… 131
  9.3 技术冲突及其解决原理 ……………………………………………………… 136
  9.4 利用冲突矩阵实现问题的解决 ……………………………………………… 169
  9.5 案例分析 ……………………………………………………………………… 171
  思考与练习 ………………………………………………………………………… 182

第 10 章 解决问题的科学效应与知识库 ……………………………………… 183
  10.1 科学效应 …………………………………………………………………… 183
  10.2 科学效应知识库的组织结构 ……………………………………………… 188
  10.3 案例分析 …………………………………………………………………… 197
  思考与练习 ………………………………………………………………………… 201

附录 ………………………………………………………………………………… 202
  附录 1 76 个标准解 …………………………………………………………… 202
  附录 2 冲突矩阵表 …………………………………………………………… 205

参考文献 …………………………………………………………………………… 206

第一部分
创新方法概述

第1章 绪论

创新是人类文明进步的动力，是社会经济发展的源泉。人类发展的历史就是一部创新史，创新的数量、质量和速度影响着人类发展的幅度和速度。认识创新、了解创新对人类文明的发展具有重要的意义。

那么，究竟什么是创新？如何进行创新？如何将创新成果进行转化？这些都是亟待解决的头等大事。

1.1 创造与创新

1.1.1 创造

在人类的社会语言中，有一个最诱人、最珍贵的词汇——创造。

我国教育家陶行知先生写过一篇叫作《创造宣言》的文章，他说："处处是创造之地，天天是创造之时，人人是创造之人，让我们至少走两步退一步向着创造之路迈进吧！"又说："……死人才无意于创造，只要有一滴汗，一滴血，一滴热情，便是创造之神所爱住的行宫，就能开创造之花，结创造之果，繁殖创造的森林"。

1969 年 7 月 21 日，美国宇航员尼尔·奥尔登·阿姆斯特朗站在已经在月面安全着陆的登月舱的扶梯上，伸出他穿着靴子的脚，在月球上踩出了人类的第一个脚印。接着，他说了一句意味深长的话："这对一个人来说只不过是小小的一步，可是对人类来讲却是一个巨大的飞跃。"

2000 年 6 月 26 日，参与人类基因组计划的科学家向全世界公布了人类基因工作草图。这是破译人类全部基因密码的初稿，该工作草图覆盖了人体 97% 的基因组，并精确地测定了其中 85% 的基因组序列，它包含了人体约 30 亿个碱基对的正确排序。这一伟大的工程，被科学家们称为生物学上的阿波罗登月计划。

前者把人类送到 38 万千米外的月球，使人类第一次登上地球外的大地；后者揭示了人类基因组 30 亿个碱基对的序列，使人类第一次在分子水平上全面地认识自我。这两项科技成就一个"出其外"，一个"入其内"，是人类千万年创造活动的集大成者和杰出代表。

起初，可能正是人类在创造上迈出的一小步，演化成今日人类社会的突变和飞跃。

当然，创造并非都如上两例那样巨大复杂，事实上，我们身边的衣、食、住、行等一切，都离不开创造。人类创造的内容和成果令人眼花缭乱，相互之间差异之大令人吃惊。工厂中的一个新产品，农业上的一个新品种，文学上的一件新作品，科学上的一个新发现，管理或销售中的一个新点子，技术上的一个新方案……甚至日常生活中的一个新窍门或一句幽默的话，均属创造的范畴。

那么，什么是创造呢？目前为止，世界各国的创造学学者还没有一个很一致的说法，这在许多比较年轻的学科发展中是很常见的现象。创造的定义大致有如下几种：

① 创造是指人们在综合观念、形象，解决问题并由此而产生新事物时显示特异性的活动。这种说法强调了创造的"综合性"和"特异性"。

② 创造是不同质的素材的新组合。这种定义对科学、艺术、哲学等活动都适用。重点在"新组合"上，而且是"不同质的素材"的新组合。

③ 创造就是解决新问题、进行新组合、发现新思想、发展新理论。用了四个"新"，强调创造的创新特性，显然，"新异性"是创造的一个本质特点。

④ 创造就是依靠今日的条件对明日世界——未来梦想的实现，注重"今日"与"未来"时空的跨越。

综合分析，创造具有如下特征：

① 创造的主体性，即创造主体必须是现实的人，即现实的个人、群体或全人类。

② 创造的控制性，它是指任何创造都是主体有目的地控制、调节客体的一种活动，是主体为实现自己的目标而使活动作用于自身客体、自然客体、社会客体，并在创造活动中有控制地进行信息、物质和能量的交换。

③ 创造的新颖性，凡是创造就意味着一种创造活动必须要能产生出一种前所未有的新成果。

④ 创造的功利性，也可以说是创造的进步性。就是说，任何一种创造活动的成果必须是具有社会价值的、有利于社会进步的。

⑤ 创造的综合性，它是指任何一种创造都是主体辩证地综合来自各方面的信息，重新组织新信息的过程。从这个意义上说，综合就是创造。

把上述特征中的要点提取出来：创造的主体是人；创造是人有目的地控制和调节的活动；这种活动的产物是新颖的、前所未有的；这些产物要有社会价值；创造活动离不开综合信息、重组信息的过程。因此，对创造的定义可表述为：

创造，是主体综合各方面信息，形成一定目标，进而控制或调节客体产生有社会价值的、前所未有的新成果的活动过程。

那么，如何认识形形色色、包罗万象的创造呢？创造心理学家泰勒（I. Taylor）曾根据创造产品的性质而将创造分为以下五个层次：

① 即兴式的创造（Expressive Creativity） 这种创造老少咸宜，往往是即兴而发，因境而生，参与者率性而为，尽情而欢，或高谈阔论，或即席挥毫，或高歌一曲，或手舞足蹈，不计（产品的）高低与上下，不计作用与效果，是一种快乐自怡的表露式创造活动。这既是

一种创造，又是一种游戏，在活动中，人的知、情、意达到高度和谐，真、善、美达到有机统一，充分显示了创造的自由境界。泰勒认为这是其他各种创造的基础。

② 技术性的创造（Technical Creativity） 这种创造是发展各种技术以产生完美的产品。这一层次是以技术性、实用性、客观性、精密性、优美性为特点的。创造者可以模仿、应用已有原理原则以解决具体的实际问题，并不注重产品的创新程度。从事技术性的创造时，创造者往往牺牲即兴式的表露而使其思路适应客观要求。

③ 发明的创造（Inventive Creativity） 这种创造不产生新的原理原则，但产品有较强的创新性，有较重要的社会应用，如爱迪生的电灯、贝尔的电话、瓦特的蒸汽机等。这些发明没有原理性的理论实践，但比技术性的创造有更高层次的创新，产品产生了广泛的社会影响。

④ 革新的创造（Innovative Creativity） 革新的人物必须有高度抽象化、概念化的技巧，以及敏锐的观察力与领悟力，以洞察隐藏在原理原则以及各种概念背后的真理。除此之外，他们还必须具备各种必要的知识，尤其对需要改造的领域有充分的了解，方能发掘问题，产生革新的成果。例如，在马克思主义原理指导下，在实践中总结有中国特色的社会主义建设理论，就是一种革新的创造。画家或书法家常师学临摹名家之笔法，等到技术纯精，达到形似之后，便熟能生巧，取长补短，融一己之意而开拓神似之境。

⑤ 深奥的创造（Imaginative Creativity） 这一层次的创造最为复杂，创造者必须有处理千头万绪的、复杂的资料的能力，并能以简御繁，一以贯之，将资料中抽象的概念整理成崭新的原理或系统的新学说，其深度可为少数该领域的专家了解。例如量子论、相对论都属深奥的创造，没有专门、扎实的物理基础，就无法掌握这些理论。

以上五个层次的创造，除了第一层次之外，其他各种创造都是解决问题的过程。即使是第一层次，除了孩童式的游戏外，高层次即兴创造也与解决问题的过程有密切联系。同时，第一层次又是其他层次的基础，所以其他层次也包含着舒情尽意，知、情、意高度和谐，真、善、美有机统一的追求。

1.1.2 创新

创新是指那种对于某一环境或组织来说崭新的技术。对于旨在出售的新技术来说，技术创新的特征在于其第一次的商业应用。一个新产品只有在被用户使用和获得承认后才算是创新成功。样品制成还不是技术创新的成功。

按创新的这一特征来理解，可以认为，技术创新不是一种单纯的技术上的发明和成功。技术创新的成功，还包括个人和组织的因素，即受环境、参与创新的人、地点和阶段等因素的影响。

从这一点延伸到技术创新的决策，它不仅是创新者个人的技术性决策，还应包括技术创新的整个组织决策。我们正是从这样的观点来研究技术创新的，除探讨技术创新的技术方面外，着重探讨其组织方面和社会方面。

"创新"是这两年使用最频繁的词汇之一。在国内外传媒和有关书籍中，创新是一个模糊不清的概念，讨论得很多，但真正了解得很少。甚至，许多人认为创新就是发明创造，也有人把创新与研究开发和科学发现视为同义词。创新到底是什么？

对于国家和企业而言，创新都是至关重要的。虽然大多数人同意这种说法，但是创新仍是一个经常会引起争议的话题。这主要是因为在理论上还没有形成一个对创新比较一致的定义。不同的研究者从不同的角度或从与创新相关的不同因素出发，对创新下了具有特定含义的定义。因此，我们有必要了解创新概念的产生及其内涵。

"创新"这一概念是由美籍奥地利经济学家约瑟夫·阿洛伊斯·熊彼特（Joseph Alois Schumpeter，1883—1950）首先提出的。在其1912年德文版《经济发展理论》一书中首次使用了创新（innovation）一词。他将创新定义为"新的生产函数的建立"，即"企业家对生产要素之新的组合"，也就是把一种从来没有过的生产要素和生产条件的"新组合"引入生产体系。按照这一观点，创新包括技术创新（产品创新与过程创新）与组织管理上的创新，因为两者均可导致生产函数的变化。一般认为，熊彼特的创新概念大致是：一项创新可看成是一项发明的应用，也可看成发明是最初的事件，而创新是最终的事件。在他看来，企业家的职能就是要实行创新，引进"新组合"，从而使经济不断发展。他还认为，创新是一个经济范畴，而非技术范畴；它不是科学技术上的发明创造，而是把已发明的科学技术引入企业之中，形成一种新的生产能力。具体来说，创新包括以下五种情况：

① 引入一种新产品，就是消费者还不熟悉的产品，或提供一种新的产品质量。

② 采用一种新的生产方法，就是在有关的制造部门中未曾用过的方法。这种新的方法并不需要建立在新的科学发现基础之上，可以是以新的商业方式来处理某种产品。

③ 开辟一个新的市场，就是使产品进入以前不曾进入的市场，不管这个市场以前是否存在过。

④ 获得一种原料或半成品之新的供给来源，不管这种来源是已经存在的，还是第一次创造出来的。

⑤ 实行一种新的企业组织形式，例如建立一种垄断地位，或打破一种垄断。

许多研究者对创新进行了定义，有代表性的定义有如下几种：

① 创新是开发一种新事物的过程。这一过程从发现潜在的需要开始，经历新事物的技术可行性阶段的检验，到新事物的广泛应用为止。创新之所以被描述为一个创造性过程，是因为它产生了某种新的事物。

② 创新是运用知识或相关信息创造和引进某种有用的新事物的过程。

③ 创新是对一个组织或相关环境的新变化的接受。

④ 创新是指新事物本身，具体说来就是指被相关使用部门认定的任何一种新的思想、新的实践或新的制造物。

⑤ 当代国际知识管理专家艾米顿对创新的定义是：新思想到行动（new idea to action）。

由此可见，创新概念包含的范围很广，可以说各种能提高资源配置效率的新活动都是创新。其中，既有涉及技术性变化的创新，如技术创新、产品创新、过程创新，又有涉及非技术性变化的创新，如制度创新、政策创新、组织创新、管理创新、市场创新、观念创新等。

显然，创新具有多个侧面。有的东西之所以被称作创新，是因为它提高了工作效率或巩固了企业的竞争地位；有的是因为它改善了人们的生活质量；有的是因为它对经济具有根本性的影响。但创新并不一定是全新的东西，旧的东西以新的形式出现或以新的方式结合也是创新。

创新是生产要素的重新组合，其目的是获取潜在的利润。经济中存在着潜在的利润，但并不是人人都能发现和获取的，只有从事创新的人才有可能得到它。从事创新活动、使生产要素重新组合的人称为创新者。在这里，创新者并不是指发明家，而是企业家。企业家必须具备三个条件：一是要有发现潜在利润的能力；二是要有胆量，敢于冒风险；三是要有组织能力。

1.1.3 创新与创造的关系

创造与创新，既相互区别，又相互联系。

创造的要义在于"造"，从无到有的生成、产出或制造，这些过程都属于创造。而创新的要义在于"新"，生成的产品或物品，有别于以往的，是全新的或者部分更新的。

在英文里，创造和创新似乎更容易区别，是完全不同的两个词汇。创造可以被翻译成"create""product""bring about"等，并且大多是动词词性，也就是说，"创造"这个词汇更侧重于实现的过程。而创新这个词——"innovation"，其所涵盖的范围已经被拓展了。可以说，创新无处不在，具体到新的想法、新的思路、新的逻辑、新的分析、新的见解都是创新。创新的物化更加具体，不再仅限于经济学领域，在人们的生活中、工作中、学习中，处处彰显其魅力。

在市场经济的作用下，有更多的创造是为了创新。也就是说，创新是创造的目的性过程和结果，创新从创造开始，创造也就包含于创新；另外，随着社会的发展，创新的速度和节奏在加快，使新技术、新事物出现，应用技术发明生产新产品，而且被广泛地应用到各个领域。这些领域产生的新事物比技术发明应用更多、更频繁，且发明与应用往往交织产生。如现在常讲的创新——知识创新、技术创新、理论创新、管理创新、制度创新等，都是从广义上援引了创新的概念。

创新的含义及其与创造的关系如图1.1所示。

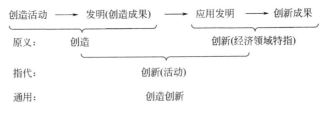

图1.1 创新的含义及其与创造的关系

创新和创造的本质是相通的，因为创新是在人类发明创造基础上产生的，它们表现的共性是：创造和创新都要出成果，其成果都具有首创性和新颖性。它们表现的差异性是：创造不一定要具有社会性、价值性。创新是在创造基础上经过提炼的结果，是新设想、新概念发展到实际和成功应用的阶段，它代表了人类先进的生产力和先进文化，有益于人类社会的进步。

1.2 创新原理及技法

创新的原理，指人类在征服自然、改造自然的过程中所遵循的客观规律，是人类获得所有的人工制造物时所遵循的发明创新原理。

从远古时期到现代社会，人们还没有系统地总结出这些规律。直到1946年，阿奇舒勒发现、提炼并总结归纳出了蕴含在发明创新现象背后的客观规律，将创新的理论展示在世人面前，才让创新的过程走上了方法学的高速路，才让创新变成了人人都可以学习掌握的一门知识。于是人们突然发现，原来创新并不神秘，只要掌握了创新的方法，普通人都可以做创新。这个阐述创新方法的理论就是"发明问题解决理论"。

考察从古至今的发明创新案例，从原始社会到现代社会，从最简单的石斧，到复杂的宇航器，所有的人工制造物，无一例外都遵循了创新的规律。而且，相同的发明创新问题以及为了解决这些问题所使用的创新原理，在不同的时期、不同的领域中反复出现，也就是说，解决问题（即实现创新）的方法是有规律、有方法可学的。既然是符合客观规律的方法学，那么这个方法学就必然具有普适意义，必然会在所有的发明创新过程中得到实际的应用和体现，这就是创新的技法。

只要了解事物的规律，掌握办事的方法，很多事情都会迎刃而解。如果人们掌握了创新的规律，以创新的方法学作为指导，创新也就是一件人人可学习、可掌握、可做到的事情。

1.3 TRIZ的产生和主要内容

TRIZ（系原俄文翻译为拉丁文后首字母的缩写）意为解决发明创造问题的理论，英译为Theory of Inventive Problem Solving。发明创造通常被视为灵感爆发的结果，一项发明创造或创新的完成可能要经历漫长的探索，经历千百次的失败。1946年，以苏联海军专利部G. S. Altshuller为首的专家开始对数以百万计的专利文献加以研究。经过50多年的搜集整理、归纳提炼，发现技术系统的开发创新是有规律可循的，并在此基础上建立了一整套体系化的、实用的解决发明创造问题的方法——TRIZ理论，对产品的创新是前所未有的突破。但是，在当时该理论对其他国家是保密的。苏联解体后，从事TRIZ方法研究的人员移居到美国等西方国家，特别是在美国还成立了TRIZ研究小组等机构，并在密歇根州继续进行研究。TRIZ方法传入美国后，很快受到学术界和企业界的关注，得到了广泛深入的应用和发展，并对世界产品开发领域产生了重要的影响。TRIZ的来源及内容见图1.2。

TRIZ的提出源于以下认识：大量发明面临的基本问题和矛盾（TRIZ称之为技术冲突和物理冲突）是相同的，只是技术领域不同而已。同样的技术发明和相应的解决方案在后来

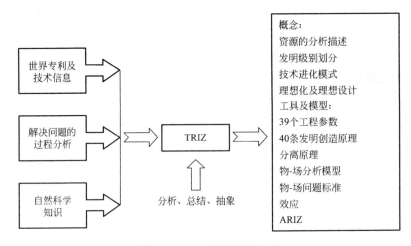

图 1.2　TRIZ 的来源及内容

的发明中一次次地被重新使用。将这些有关的知识进行提炼和重新组织，形成一种系统化的理论知识，就可以指导后来者的发明创造、创新和开发。TRIZ 体系正是基于这一思路开发的，它打破了人们思考问题的惰性和片面的制约，避免了创新过程中的盲目性和局限性，明确指出了解决问题的方法和途径，并开发了计算机辅助发明创造设计分析软件。

G. S. Altshuller 一开始就坚信，发明创造问题的基本原理是客观存在的，这些原理不仅能被确认，还能被整理而形成一种理论，掌握该理论的人不仅能提高发明的成功率，缩短发明的周期，还可使发明问题具有可预见性。

TRIZ 的核心是技术系统进化理论。技术系统进化理论指出，技术系统一直处于进化之中，解决冲突是进化的推动力。进化速度随技术系统一般冲突的解决而降低，使其产生突变的唯一方法是解决阻碍技术系统进化的更深层次的冲突。

G. S. Altshuller 依据世界上著名的发明专利，研究了消除冲突的方法，他提出了消除冲突的发明创造原理，建立了消除冲突的基于知识的逻辑方法，这些方法包括发明创造原理（Inventive Principles），发明问题解决算法（ARIZ，Algorithm for Inventive Problem Solving）及标准解（TRIZ Standard Techniques）。

在利用 TRIZ 解决问题的过程中，研究人员首先将待解决的技术问题或技术冲突表达为 TRIZ 问题，然后利用 TRIZ 中的工具，如发明创造原理、标准解等，求出该 TRIZ 问题的普适解或模拟解（Analogous Solution），最后再应用普适解的方法解决特殊问题或冲突。

TRIZ 是专门研究创新和概念设计的理论，已建立一系列的普适性工具帮助设计者尽快获得满意的领域解，不仅在苏联得到广泛的应用，在美国的很多企业特别是大企业，如波音、通用、克莱斯勒、摩托罗拉等的新产品开发中得到了应用，取得了可观的经济效益。

由于 TRIZ 将产品创新的核心——产生新的工作原理过程具体化，并提出了规则、算法、发明创造原理供研究人员使用，它已经成为一种较完善的创新设计理论。

TRIZ 的基本观点如表 1.1 所示，包含四方面的内容。

表 1.1 TRIZ 的基本观点

序号	基本观点	内涵
1	理想技术系统	TRIZ 认为，对技术系统本身而言，重要的在于如何更科学地实现功能。较好的技术系统应是在构造和使用维护中消耗资源较少而能完成同样功能的系统。理想系统则是不需要建造材料，不耗费能量和空间，不需要维护，也不会损坏的系统。即，在物理上不存在，却能完成所需要的功能
2	缩小问题与扩大问题	在解决问题的初期，面对需要克服的缺陷可以有很多不同的思路 TRIZ 将所有的问题分为两类：缩小的问题和扩大的问题。缩小的问题致力于使系统不变甚至简化，而消除系统的缺点，完成改进；扩大的问题则不对待改变加以约束，因而可能为实现所需功能而开发一个新的系统，使解决方案复杂化，甚至使解决问题所需的耗费与解决的效果相比得不偿失
3	技术冲突	技术冲突是 TRIZ 的一个核心概念，表示隐藏在问题后面的固有矛盾。如果要改进系统的某一部分属性，其他的某些属性就会恶化，就像天平一样，一端翘起，另一端必然下降，这种问题就称作技术冲突。典型的技术冲突有重量-强度、形状-速度、可靠性-复杂性冲突等。TRIZ 认为，发明可认为是技术冲突的解决过程
4	物理冲突	物理冲突又称为内部系统冲突。如果互相独立的属性集中于系统的同一元素上，就称为存在物理冲突。物理冲突是指同一物体必须处于互相排斥的物理状态，也可以表述为：为实现功能 F1，元素应具有属性 P；为实现功能 F2，元素应有对立的属性 P。根据 TRIZ，物理冲突可以用四种方法解决：把对立属性在时间上加以分开，把对立属性在空间上加以分开，把对立属性所在的系统与部件分开，把对立属性在不同条件下分开

TRIZ 几乎可以被用在产品全生命周期的各个阶段，它与开发高质量产品、获得高效益、扩大市场、产品创新、产品失效分析、保护自主知识产权以及研发下一代产品等都有十分密切的联系。TRIZ 主要内容如表 1.2 所示。

表 1.2 TRIZ 的主要内容

序号	主要内容	内涵
1	产品进化理论	TRIZ 中的产品进化理论将产品进化设计过程分为四个阶段：婴儿期、成长期、成熟期和退出期。处于前两个阶段的产品，企业应加大投入，尽快使其进入成熟期，以便企业获得最大的效益；处于成熟期的产品，企业应对其替代技术进行研究，使产品取得新的替代技术，以应对未来的市场竞争；处于退出期的产品使企业利润急剧下降，应尽快淘汰。这些可以为企业产品规划提供具体的、科学的支持
2	分析	分析是 TRIZ 的工具之一，包括产品的功能分析、理想解的确定、可用资源分析和冲突区域的确定 功能分析的目的是从完成功能的角度而不是从技术的角度分析系统、子系统和部件。该过程包括裁剪，即研究每一个功能是否必要，如果必要，系统的其他元件是否可以完成其功能。设计中的重要突破、成本和复杂程度的显著降低往往是功能分析及裁剪的结果 若问题的解没找到，需要最大限度的创新，则基于知识的三种工具——原理、预测和效应都可以采用。在很多的 TRIZ 应用实例中，三种工具要同时采用
3	冲突解决原理	TRIZ 主要研究技术与物理两种冲突。技术冲突是指一个作用同时导致有用及有害两种结果，也可指有用作用的引入或有害效应的消除导致一个或几个子系统或系统变坏。物理冲突是指一个物体有相反的需求。TRIZ 引导设计者挑选能解决特定冲突的原理，其前提是要按通用工程参数确定冲突，然后利用 40 条发明创造原理解决冲突

续表

序号	主要内容	内涵
4	物质-场分析	物质-场描述方法的原理为:所有的功能可以分解为两种物质和一种场,即一种功能由两种物质及一种场三元件组成。产品是功能的一种实现,因此,可用物质-场分析产品的功能。其模型如图 1.3 所示 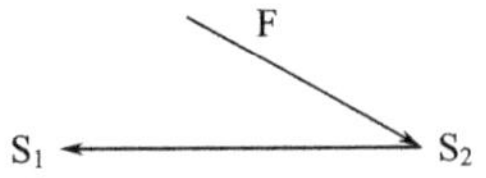 图中,S_1 及 S_2 为物质,F 为场,物质 S_1 可以是被控粒子、材料、物质或过程,物质 S_2 是作用于被控 S_1 的工具或物体,场 F 是用于 S_1 与 S_2 之间相互作用的能量,如机械能、液压能和电磁能。图 1.3 可解释为:能量 F 作用于工具 S_2,使 S_2 变换为 S_1 依据该模型,Altshuller 等提出了 76 种标准解,并分为如下 5 类: ① 改变和仅少量改变已有系统:13 种标准解 ② 改变已有系统:23 种标准解 ③ 系统传递:6 种标准解 ④ 检查与测量:17 种标准解 ⑤ 简化与改善策略:17 种标准解 由已有系统的特定问题,将标准解变为特定解即为新概念
5	效应	效应,即结果,是多种多样的。物理效应指两个或两个以上对象相互作用的结果,这一结果可测量并在同一条件下可复得。在实际工作中可以利用本领域,特别是其他领域的有关效应知识(原理、定律或规律)解决设计中的问题。如采用物理、化学、生物和电子等领域的原理解决机械设计中的创新问题
6	发明问题解决算法（ARIZ）	TRIZ 认为,一个问题解决的困难程度取决于对该问题的描述或程式化方法,描述得越清楚,问题的解就越容易找到。发明问题求解的过程是对问题不断地描述、不断地程式化的过程。经过这一过程,初始问题最根本的冲突被清楚地暴露出来。解决发明问题的程序,是解决发明问题的完整算法,该算法采用一套逻辑过程逐渐将初始问题程式化。该算法特别强调冲突与理想解的程式化,一方面技术系统向着理想解的方向进化,另一方面如果一个技术问题存在冲突需要克服,该问题就变成一个创新问题 冲突的消除有强大的效应知识库的支持。效应知识库包括物理的、化学的、几何的效应等,作为一种规则,经过分析效应的应用后问题仍无解,则认为初始问题定义有误,需对问题进行更一般化的定义 应用 ARIZ 取得成功的关键是在没有理解问题的本质前,要不断地对问题进行细化,直到确定了物理冲突。该过程及物理冲突的求解已有软件的支持

图 1.3 物质-场模型

1.4　TRIZ 的重要发现

在技术发展的历史长河中，人类已完成了许多产品的设计，设计人员或发明家已经积累了很多发明创造的经验。Altshuller 研究发现：

① 在以往不同领域的发明中所用到的原理（方法）并不多，不同时代的发明和不同领域的发明都是反复利用应用的原理（方法）。

② 每条发明原理（方法）并不被限定应用于某一特殊领域，而是融合了物理的、化学的和各工程领域的原理，这些原理适用于不同领域的发明创造和创新。

③ 类似的冲突或问题与该问题的解决原理在不同的工程及科学领域交替出现。

④ 技术系统进化的模式（规律）在不同的工程及科学领域交替出现。

⑤ 创新设计所依据的科学原理往往属于其他领域。

如何高效地获取能源与动力，是世界范围内的难题。以往的做法是，对自然能源进行掠夺和攫取。水力发电、火力发电、核电等方式，在获得能源与电力的同时牺牲了地球的环境。这种开发能源与动力的方式，已经被越来越多的人所诟病。新型能源如太阳能、风能、潮汐能，如何才能有效地利用？还有没有其他的能源尚未被开发和利用呢？

AIRPod空气动力汽车（图1.4）是一个创新的尝试。科学家们研究空气动力汽车，大概的解决方案就是在车中放一个装满压缩空气的罐子，压缩空气的来源可以是专门的充气站，也可以通过电能等其他方式自行在车上储备，然后缓慢释放这些空气，并推动汽车前进。AIRPod是一家名为MDI的公司研发的三人三轮空气动力汽车，采用玻璃纤维等重量轻，但是又有一定强度的材料制作，全重仅220kg。AIRPod采用了类似摩托车的操控方式，最高速度可达70km/h，其动力来自一个容量为175L、压强为350bar（巴，1bar＝100kPa）的空气罐子。根据MDI公司的测算，如果采用充气站的方式，全部充满这个气罐大概需要1.1欧元，但已足够让AIRPod行驶约220km，而且对车本身来说，这可是真正意义上的零排放。

图1.4　AIRPod空气动力汽车

又如，让蒸发变成动力的细菌蒸发发动机。这是一种将蒸发能量加以利用的新思路，他们利用塑料薄膜和细菌芽孢，做出了可以被水分蒸发带动的驱动装置——细菌蒸发发动机。将这些细菌芽孢附着在微米级厚度的塑料薄膜上，就制成了驱动装置中最基本的元件。在涂有细菌芽孢一面的带动下，这些薄膜会随着湿度变化而改变形状：吸湿状态下较为平展，而干燥时则会卷起来。接下来，只要将这些"人工肌肉"元件组合起来，再控制局部湿度的变化，它们就可以带动各种驱动装置运行了。研究者们把许多薄膜组装成轮状，并在其中加入提供水蒸气的潮湿表面，就做成了一个小小的蒸发驱动引擎。随着潮湿表面水分的蒸发，引擎被变形的薄膜带动旋转，其动力可以带动一辆质量为0.1kg的微型小车（图1.5、图1.6）。只要空气具备一定的湿度，该产品就能"呼哧呼哧"转动着前进。科学家们在风车上喷上了大量的枯草芽孢杆菌孢子，它会从空气中吸收水分，进而收缩或者舒展自己，从而驱动"风车"旋转，进而带动整个小车前行。而其效率，据科学家的描述，如果空气足够湿润，它们能驱动自身重量50倍的东西。

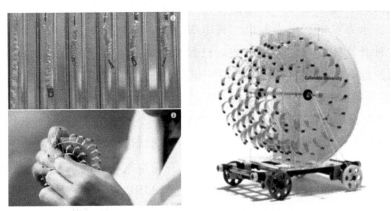

图1.5 让蒸发变成动力的细菌蒸发动机

图1.6 利用湿度获得引擎示意图

再如，靠体温发电的手环（图1.7）。Dyson Energy 由 Mathieu Servais 等人设计，是一块铝制外壳、皮革腕带的手环，巧妙利用了塞贝克效应（即由于两种不同导体的温度差而在其中产生电压差的热电现象），将之戴在手腕上，就能利用人体温度和外界环境温度差来产

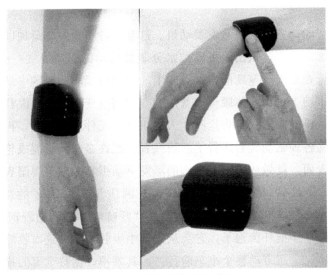

图1.7 靠体温发电的手环

生电力，并储存到内置蓄电池中。设计师表示，每戴上几个小时，就可以获得足以让手机通话十几分钟的电力。虽然这款手环看上去最多就是供应急使用，但是如果它能整合 GPS、手表之类的功能，在野外无疑会更有用。

上述的几个实例说明了"类似的冲突或问题与该问题的解决原理在不同的工程及科学领域交替出现"。只不过针对不同的领域具体的技术参数发生了变化。如空气动力汽车是通过压缩的空气逐渐释放提供动力；细菌蒸发发动机是利用细菌对湿度的敏感和反应产生动力；靠体温发电的手环则是利用最普通最易于获得的人体体温与外界温度差来产生动力并蓄积起来。虽然方法不同，但都是通过新型的能源解决了类似的冲突与问题。正如《创意方法》这本书所写的："所谓创意，不过就是既存要素的重新组合罢了。"

例如：根据笔芯的制作原理设计的节水龙头，见图 1.8。水龙头上面的部分可以储水，利用储存的水来供给使用者，每次使用后仍会保留 1L 的水（图 1.9），虽不具有自来水强大的冲击，但是足以应付日常清洗，这样的设计让更多的水被利用起来，设计师的环保意识充分体现。由此可见，若要实现某一功能，可以采用不同的原理。可以是几何学方面的，也可以是物理学方面的，这也印证了"创新设计所依据的科学原理往往属于其他领域"。

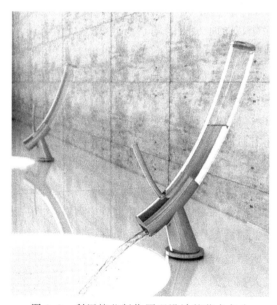

图 1.8　利用笔芯制作原理设计的节水龙头

图 1.9　节水龙头的工作原理示意图

1.5 发明创造问题的一般解决方法

1.5.1 最早的发明创造方法——试误法

发明是人类由来已久的创造活动。人类祖先的进化过程是从发明劳动工具开始的。第一批发明物不是人类创造的,而是他们从自然物中发现的。人们发现尖利的石块可以切割猎物的皮,便开始收集使用这样的石块。在自然林火发生后,人们发现火可以取暖防寒,便开始保存火种。人们还不能提出发明创造课题,只发现了现成的答案。当时的创造,只不过是猜想怎样利用这些现成的答案而已。但不久便产生了发明课题。比如说,怎样把用钝了的石块磨尖利,怎样才能使石块便于握在手中,怎样防风防雨使火种不熄灭,怎样移置火种……

最早的发明课题是靠试误方法,即不断选择各种解决方案来解决问题。很长时期,选择各种可能解决方案是单凭猜想的。但也逐渐出现了一些方法。例如:仿制自然界中的原型物、放大物体、增加数量、把不同物体联成一个系统。在这段漫长的岁月里,人们积累了大量发明创造经验与有关物质特性的知识。人们利用这些经验与知识提高了探求的方向性,使解决发明课题的过程有序化,同时发明课题本身也发生了变化,随着时间的推移越来越复杂。直至今天,要想找到一个需要的解决方案,也得做大量的无效尝试。

关于发明创造活动,有一些习惯的错误说法。例如,有人说:"一切出于偶然"。也有人认为:"一切取决于勤奋,应该坚定不移地尝试各种解决方案"。还有人断言:"一切归功于天赋。"这些说法不无道理,但却太肤浅了。实际上,试误法本身并非是一种行之有效的方法,很多发明创造的成功主要取决于发明家的机遇与个性品质。并非所有的人都敢于做出奇异的尝试。并非所有的人都勇于承担重任并锲而不舍。

19世纪末,世界著名发明家爱迪生改进了试误法。爱迪生的试验厂有近千人。他把一个技术问题分为几个具体课题,即子课题,工人也分组对各个具体课题同时尝试各种解决方案,这就大大地缩减了尝试的时间,增加了尝试的有效性与成功的可能性。所以,有人说爱迪生最伟大的发明是他发明了这样的科学研究机构。

当然,一千个掘土工人掘土的数量与质量绝对优于一个掘土工人。但是,无论怎样,掘土方法本身并未改变。

现代"发明产业"如按爱迪生的原则组织,那么课题越难,需要尝试的次数就越多,则投入解决课题的人数就越多。比如说,"怎样使玻璃零件与金属零件连接得更牢固"这样的课题,爱迪生安排3~5人即可完成。但现在这类课题需要很多庞大的集体同时来完成,而每个集体至少由几十名乃至几百名科学工作者和工程师组成。

当今普遍的说法是:当代重大发明都是集体完成的,而不是个体做出的。这种说法虽非绝对,也不无道理。但个体也好、集体也好,都不能一概而论,关键在于劳动组织的水平。比如说,掘土机"个体"的劳动效率要比掘土工人"集体"的劳动效率高多少倍,但掘土工人"集体"也是相对而言的,因为每个掘土工人都是单独劳动的。

试误法及在这一基础上建立起来的创造性劳动组织,是与现代科学技术革命的要求相矛盾的。

现在需要新的方法来控制创造过程,从根本上减少无效尝试的次数;也需要重新组织创造过程,以便有效地利用新的方法。为此,必须有一套具有科学依据的、行之有效的解决发明问题的理论。

1.5.2 TRIZ 解决发明创造问题的一般方法

TRIZ 解决发明创造问题的一般方法是,首先将要解决的特殊问题加以定义、明确;然后,根据 TRIZ 提供的方法,将需解决的特殊问题转化为类似的标准问题,而类似的标准问题已总结、归纳出类似的标准解决方法;最后,依据类似的标准解决方法就可以解决用户需要解决的特殊问题了。当然,某些特殊问题也可以利用头脑风暴法直接解决,但难度很大。TRIZ 解决发明创造问题的一般方法可用图 1.10 表示。图中的 39 个工程参数和 40 个解决发明创造原理将在本书以后的章节中详细介绍。

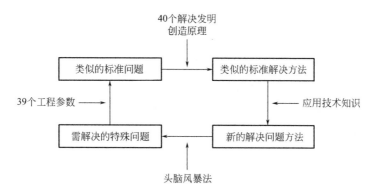

图 1.10 TRIZ 解决发明创造问题的一般方法

例如:解决一元二次方程的基本方法如图 1.11 所示。

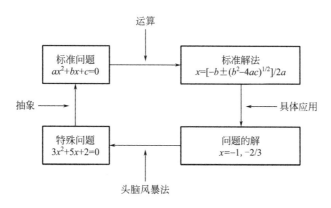

图 1.11 解决一元二次方程的基本方法

同理,如需设计一台旋转式切削机器。该机器需要具备低转速(100r/min)、高动力以取代一般高转速(3600r/min)的 AC 马达。具体的分析解决该问题的框图如图 1.12 所示。

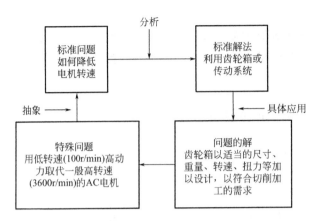

图 1.12 设计低转速高动力机器分析框图

1.6 发明创造的等级划分

TRIZ 通过分析专利发现，各个国家不同的发明专利内部蕴含的科学知识、技术水平有很大的区别和差异。以往，在没有分清这些发明专利的具体内容时，很难区分出不同发明专利的知识含量、技术水平、应用范围、重要性、对人类的贡献大小等。因此，把发明专利依据其对科学的贡献程度、技术的应用范围及为社会带来的经济效益等情况，划分一定的等级加以区分，以便更好地推广应用。TRIZ 将发明专利或发明创造分为以下 5 个等级。

第 1 级：通常的设计问题，或对已有系统的简单改进。这一类问题的解决主要凭借设计人员自身掌握的知识和经验，不需要创新，只是知识和经验的应用。如用厚隔热层减少建筑物墙体的热量损失，用承载量更大的重型卡车替代轻型卡车，以降低运输成本等。

该类发明创造或发明专利占所有发明创造或发明专利总数的 32%。

第 2 级：通过解决一个技术冲突对已有系统进行少量改进。这一类问题的解决主要依靠行业内已有的理论、知识和经验。解决这类问题的传统方法是折中法。如在焊接装置上增加一个灭火器、可调整的方向盘等。

该类发明创造或发明专利占所有发明创造或发明专利总数的 45%。

第 3 级：对已有系统的根本性改进。这一类问题的解决主要依靠本行业以外的已有方法和知识，在设计过程中要解决冲突。如汽车上用自动传动系统代替机械传动系统、电钻上安装离合器、计算机上用的鼠标等。

该类发明创造或发明专利占所有发明创造或发明专利总数的 18%。

第 4 级：采用全新的原理完成对已有系统基本功能的创新。这一类问题的解决主要是从科学的角度而不是从工程的角度出发，充分挖掘和利用科学知识、科学原理实现新的发明创造。如第一台内燃机的出现、集成电路的发明、充气轮胎，记忆合金制成锁、虚拟现实等。

该类发明创造或发明专利占所有发明创造或发明专利总数的 4%。

第 5 级：罕见的科学原理导致一种新系统的发明、发现。这一类问题解决的主要依据自然规律的新发现或科学的新发现。如计算机、形状记忆合金、蒸汽机、激光、晶体管等的首次发现。

该类发明创造或发明专利占所有发明创造或发明专利总数的1%以下。

实际上，发明创造的级别越高，获得该发明专利时所需的知识就越多，这些知识所处的领域就越宽，搜索有用知识的时间就越长。同时，随着社会的发展、科技水平的提高，发明创造的等级随时间的变化而不断降低，原来的最高级别的发明创造逐渐成为人们熟悉和了解的知识。发明创造的等级划分及知识领域见表1.3。

表1.3 发明创造的等级划分及知识领域

发明创造级别	创新的程度	百分比	知识来源	参考解的数量
1	明确的解	32%	个人的知识	10
2	少量的改进	45%	公司内的知识	100
3	根本性的改进	18%	行业内的知识	1000
4	全新的概念	4%	行业以外的知识	10000
5	发现	<1%	所有已知的知识	100000

由表1.3可以发现：95%的发明专利是利用了行业内的知识，只有少于5%的发明专利是利用了行业外的知识。

因此，如果企业遇到技术冲突或问题，可以先在行业内寻找答案；若不能解决，再向行业外拓展，寻找解决方法。若想实现创新，尤其是重大的发明创造，就要充分挖掘和利用行业外的知识，即所谓的"创新设计所依据的科学原理往往属于其他领域"。

1.7 TRIZ的应用及未来发展

1999年，MIT的Tate在其博士论文中通过对世界著名流派的设计理论进行分析提出：尽管设计理论的研究已有100年的历史，很多的研究成果已在工业界得到应用，但是设计理论并未成熟，目前仍处于准理论阶段（a pre-theory stage）。该理论在设计过程、设计目标、设计者、可用资源及领域知识五个方面还有大量的问题有待解决。TRIZ也是Tate所分析的理论之一，也处于发展阶段。

Savranky博士认为，虽然经过了多年的发展，作为一种技术，TRIZ目前仍处于"婴儿期"，还远没有达到纯粹科学的水平，称之为"方法学"是合适的。

1.7.1 TRIZ的应用

TRIZ广泛应用于工程技术领域，目前也已逐步向其他领域渗透和扩展。应用范围越来越广，由原来擅长的工程技术领域向自然科学、社会科学、管理科学、生物科学等领域发展。现在已总结出了40条发明创造原理在工业、建筑、微电子、化学、生物学、社会学、医疗、食品、商业、教育应用的实例，用于指导解决各领域遇到的问题。

例如，摩尔多瓦国家在1995—1996总统竞选的过程中，其中两个总统候选人聘请了TRIZ专家作为自己的竞选顾问，并把TRIZ应用到具体的竞选事宜中，取得了非常好的效果。两人中一位总统候选人成功登上总统宝座,另一位亦通过总统竞选提高了自己在国内外的知名度。

2003年,"非典型肺炎"肆虐中国及全球的许多国家。其中新加坡的TRIZ研究人员就利用40条发明创造原理,提出了防治"非典型肺炎"的一系列方法,其中许多措施被新加坡政府采纳,并用于实际工作中,取得了非常好的效果。

Rockwell Automotive公司针对某型号汽车的刹车系统应用TRIZ进行了创新设计。通过对TRIZ的应用,刹车系统发生了重要的变化,系统由原来的12个零件缩减为4个,成本减少50%,但刹车系统的功能却没有受到影响。

Ford Motor公司遇到了推力轴承在大负荷时出现偏移的问题。通过应用TRIZ,产生了28个新概念(问题的解决方案),其中一个非常吸引人的新概念是:利用小热膨胀系数的材料制造这种轴承,可以很好地解决推力轴承在大负荷时出现偏移的问题。

Chrysler Motors公司1999年应用TRIZ解决企业生产过程中遇到的技术冲突或矛盾,共获利1.5亿美元。

20世纪90年代中期以来,美国供应商协会(ASI)一直致力于把TRIZ与QFD方法、Taguchi方法推荐给世界500强企业。

在俄罗斯,TRIZ的培训已扩展到小学生、中学生和大学生。Kowalick博士在加利福尼亚北部教中学生学习TRIZ,其结果是不可思议的。中学生正在改变他们思考问题的方法。他们的创造力迅猛提高,他们能用相对容易的方法处理比较难的问题,一些小学生也受到了训练。美国的Leonardo da Vinci研究院正在编制小学和中学的TRIZ教学手册。20世纪70年代,以色列开始注重TRIZ的研究,作为一个典型的以创新为动力的国家,以色列在创新理论与实践方面都有独特之处。在TRIZ的基础上,以色列科学家提出了"系统性发明思维理论"(SIT),并在实践中对其不断验证和完善,加以推广应用,这一理论对世界的发明与创新方法学研究产生了一定影响。

1.7.2 TRIZ的未来发展趋势

TRIZ目前及今后的发展趋势主要集中在TRIZ本身的完善和进一步拓展研究两个方面。具体体现在以下几个方面,如表1.4所示。

表1.4 TRIZ发展的具体体现

序号	具体体现
1	TRIZ是前人知识的总结,如何把它进一步完善,使其逐步由"婴儿期"向"成长期""成熟期"发展成为各界关注的焦点和研究的主要内容之一
2	如何合理有效地推广应用TRIZ解决技术冲突和矛盾,使其受益面更广
3	TRIZ进一步软件化,并且开发出有针对性的、适合特殊领域、满足特殊用途的系列化软件系统
4	进一步拓展TRIZ的内涵,尤其是把信息技术、生命技术、社会科学等方面的原理和方法纳入TRIZ中
5	将TRIZ与其他一些新技术有机集成,从而发挥更大的作用

TRIZ主要是解决设计中如何做的问题(How),而对设计中做什么的问题(What)未给出合适的方法。大量的工程实例表明,TRIZ的出发点是借助经验发现设计中的冲突,冲

突发现的过程也是通过对问题的定性描述来完成的。其他的设计理论，特别是 QFD（质量功能展开）方法恰恰能解决做什么的问题。所以，将两者有机地结合，发挥各自的优势，将更有助于产品创新。TRIZ 与 QFD 方法都未给出具体的参数设计，稳健设计则特别适合详细设计阶段的参数设计。将 QFD 方法、TRIZ 和稳健设计集成，能形成从产品定义、概念设计到详细设计的强有力支持工具。因此，三者的有机集成已成为设计领域的重要研究方向。

1.8 案例分析

20 世纪 80 年代中期，某钻石生产公司遇到的问题是需要把有裂纹的大钻石在裂纹处破碎、分开，以生产出满足用户尺寸要求的产品。

很长时间，公司的技术人员耗费了大量的精力、花费了大量的经费也没能很好地解决这个问题。最后，经过分析发现可以用加压减压爆裂的方法——压力变化原理，实现大钻石在裂纹处破碎或分开。尽管问题解决了，但是他们没有发现类似的问题在几十年前的其他领域早已解决，而且已经申请了发明专利。

20 世纪 40 年代，农业上遇到了如何把辣椒的果肉与果核有效分开，从而生产辣椒的果肉罐头的问题。经过分析，发现最有效的方法是把辣椒放在一个密闭的容器中，并使容器内的压力由 1 个大气压（在计算中，通常取 1 标准大气压 $= 1.013 \times 10^5 \mathrm{Pa}$）逐渐增加到 8 个大气压，然后使容器内的压力突然降低到 1 个大气压，由于容器内压力的骤变，容器内辣椒果实内外产生压力差，导致其在最薄弱的部分产生裂纹，使内外压力相等。容器内压力的突然降低又使已经实现压力平衡的、已产生裂纹的辣椒果实再次失去平衡，出现辣椒果实的爆裂现象，使果肉与果核顺利分开。具体情况如图 1.13 所示。

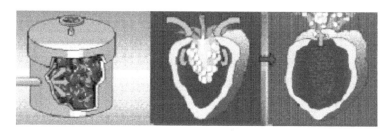

图 1.13 辣椒果肉与果核分开

同样的原理又相继被用在松子、向日葵、栗子的破壳和过滤器的清洗等方面，具体情况如图 1.14～图 1.16 所示。

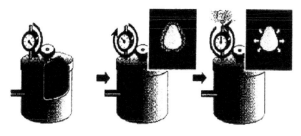

图 1.14 压力法——松子破壳示意图

 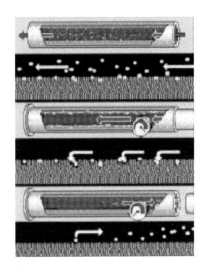

图 1.15　压力法——向日葵破壳示意图　　　　图 1.16　压力法——清洗过滤器示意图

上述的几个实例说明了"类似的冲突或问题与该问题的解决原理在不同的工程及科学领域交替出现"。只不过针对不同的领域具体的技术参数发生了变化。如压力法——清洗过滤器需 5~10 个大气压，农产品的破壳需 6~8 个大气压，而大钻石裂纹处的分开需 1000 多个大气压。

思考与练习

1. 请简要说明创造与创新的关系。
2. 创新是由谁提出的？
3. 在 TRIZ 形成之前，是否有行之有效的创新原理？
4. TRIZ 是由谁发明的？是针对哪种研究总结出的成果？
5. 以一元二次方程的解法为例，说明 TRIZ 在发明创造问题中的作用。
6. 发明创造分为哪些等级？
7. 现代 TRIZ 的发展表现在哪些方面？

第2章 思维惯性与TRIZ的创新思维与方法

越是循规蹈矩的工作，越需要创意。无论何种工作，都肯定会遇到一些困境。如果不解决这种困境，企业就无法运作。要解决困境，就需要有和现有方法不同的新解决方法。要找到新的方法就需要新的创意，也就是说，无论什么工作，创造力和想象力都是非常重要的。

进一步说，将来的时代需求会更加分散，各种各样的新技术也会应运而生，各个领域中"现有的方法"将无法适应变化了的时代要求。因此，创造新方法的"创造性思维"变得越来越不可或缺。

思维是有力量的，正确的有效的思维方式会导出优秀的创新成果。在进行创新活动时，单单等待一个想法的出现是不可能获得成功的，思维过程自身常常会有一个意向，一旦我们已经有一个想法，或者已经开始用某种特定的方式去看待问题时，要改变这个方向的确需要努力。一般的创造性思考者，特别是设计师，具有改变自身思维方向的能力，所以他们能产生更多的想法。

TRIZ中，应用创新思维方法解决发明问题的流程中包含了聪明小人法、金鱼法、尺寸-时间-成本法、九屏幕法和最终理想解法，如图2.1所示。

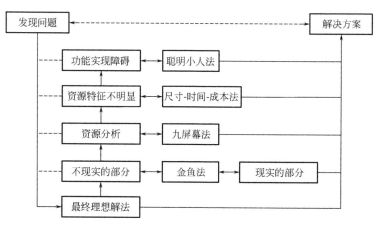

图2.1 TRIZ中的思维方法

2.1 思维惯性

思维是人类特有的一种复杂的精神活动,它和感觉、知觉一样,是人脑对客观事物的反映。但一般来说,感觉和知觉是对事物的直接反映,而思维是在表象(组成形象的基本单元,可以理解为像素)的概括和经验基础上对事物进行认识的过程。

思维惯性,其要义在于"惯性"二字。思维惯性描述的是人们在思考问题环节,会习惯性地选择自己熟悉的、已知的解决方案或应对策略等。而惯性,是一个在物理学中应用广泛的词汇,表示对一种物理状态的保持,比如,保持速度、保持形状等。这种物理范畴的惯性有好有坏,根据不同的应用条件,人们对惯性加以应用或想办法消除,比如在汽车设计中刹车的设计,消除速度的惯性,进而使刹车距离缩短,使之更加安全可靠。同样,很多电动自行车,会利用速度的惯性,将这部分能量反向储存到电池中,为电池充电,增加行驶的公里数。

"思维惯性"这个词也是一个中性词汇,即思维上的习惯,可以保证工作的完成度,或者说,这种固定的思维模式安全并且可靠,在一定程度上是一种可靠性高的体现。特别是重复性高的工作,例如安装、维修、报表等规范的技术工作。在进行这类工作时,针对不同情况不同问题的处理经验是非常宝贵的。

但是,在进行发明创造或者创新创业活动,或者产品设计、方案设计、预案设计等活动时,思维惯性往往会形成束缚,捆绑住创新者的手脚,使其无法达到预期的创新目的。

2.2 九屏幕法

九屏幕法是一种寻找资源的方法。对亟待解决的问题而言,越庞大的技术系统其工作流程、能量流动等方式越盘根错节。借由九屏幕法去寻找能够用来解决问题的资源,阿奇舒勒先生还告诉我们,尽量去寻找广泛存在的并且不要钱的资源,比如水、空气和太阳能等。

九屏幕法是空间维度的方法,从横向的时间和纵向的空间两个维度去理解技术系统的状态,如图 2.2 所示。

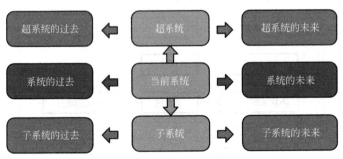

图 2.2 九屏幕法示意图

应用九屏幕法的步骤，首先绘制图表如图 2.3 所示，按照表 2.1 中的步骤逐项填写。

	过去	现在	未来
超系统		3	
系统	4	1	5
子系统		2	

图 2.3　九屏幕法图表

表 2.1　九屏幕法步骤

步骤	内容
第一步	画出三横三纵的表格，将要研究的技术系统填入格 1
第二步	考虑技术系统的子系统和超系统，分别填入格 2 和 3
第三步	考虑技术系统的过去和将来，分别填入格 4 和 5
第四步	考虑超系统和子系统的过去和将来，填入剩下的格中
第五步	针对每个格子，考虑可以用的各种类型的资源
第六步	利用资源规律，选择解决技术问题

我们以汽车为例（图 2.4）分析一下这一技术系统的资源，从时间和空间两个维度掌握这个产品隐含的并且没有被注意到的资源。

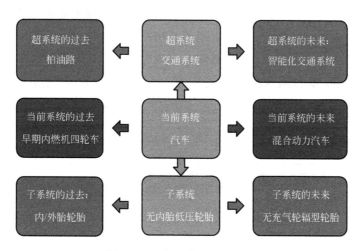

图 2.4　用九屏幕法分析汽车

通过九屏幕法的分析，我们理解产品的角度不再是"点"，而是在空间维度中更立体地理解产品，更能捕捉到改进其功能、提高其价值的"着眼点"。

2.3　尺寸-时间-成本法

尺寸-时间-成本法是一种极限思维方法，也称作 STC 法。S 是英文 Size 的首字母，T 是英文 Time 的首字母，C 是英文 Cost 的首字母。STC 法实际上是从尺寸、时间和成本三个维度对现有技术系统进行考量的方法。

STC 法的步骤如表 2.2 所示。

表 2.2 STC 法的步骤

序号	步骤
步骤一	明确现有系统
步骤二	明确现有系统在尺寸、时间和成本方面的特性
步骤三	假设逐渐增大目标系统的尺寸,使之无穷大($S \to \infty$)
步骤四	假设逐渐减小目标系统的尺寸,使之无穷小($S \to 0$)
步骤五	假设逐渐增大目标系统的作用时间,使之无穷大($T \to \infty$)
步骤六	假设逐渐减小目标系统的作用时间,使之无穷小($T \to 0$)
步骤七	假设逐渐增大目标系统的成本,使之无穷大($C \to \infty$)
步骤八	假设逐渐减小目标系统的成本,使之无穷大($C \to 0$)
步骤九	修正现有系统,得出解决方案,如果需要则重复步骤二至八,进而得出方案

实际上,STC 法这种极限的思维方式,与阿奇舒勒在 1985 年提出的 TRIZ 的解题流程中的很多思想同步,最大或最小程度的改变会对系统产生何种影响?在这种极端条件下,会促使我们生成很多新的想法,因此,这种思维方式也是非常行之有效的。

对尺寸、时间和成本这三个范畴的界定也与当时的技术发展条件有关,或者说,把与技术系统相关的其他要素都进行了简化,只保留了这三个决定技术系统功能实现的重要方面。也就是说,在这个改进中,功能是被良好地实现并且保留的。

例如,乘坐公交车,公交车上的承载能力是固定的,上下班或者节假日的高峰时段拥挤不堪。解决这一问题,尝试用 STC 法进行分析。如何使公交车不拥挤,如表 2.3 所示。

表 2.3 STC 法示例公交车问题

序号	步骤
步骤一	明确现有系统——公交车
步骤二	明确现有系统在尺寸、时间和成本方面的特性 ——固定空间、路线决定运行时间、车和油的成本
步骤三	假设逐渐增大目标系统的尺寸,使之无穷大($S \to \infty$) ——可以无限连接组装的公交车车厢
步骤四	假设逐渐减小目标系统的尺寸,使之无穷小($S \to 0$) ——单人公交车
步骤五	假设逐渐增大目标系统的作用时间,使之无穷大($T \to \infty$) ——用路面匀速平行电梯替代公交车,随时上下
步骤六	假设逐渐减小目标系统的作用时间,使之无穷小($T \to 0$) ——光速公交车,分秒必达
步骤七	假设逐渐增大目标系统的成本,使之无穷大($C \to \infty$) ——APP 预约定制公交线路,多辆车满足任何人任何时段任何需求
步骤八	假设逐渐减小目标系统的成本,使之无穷大($C \to 0$) ——没有公交车,只能步行或骑行
步骤九	修正现有系统,得出解决方案,如果需要重复步骤二至八

实际上，这个例子运用了极限的思维方式，可能有的解决方案并不理想，并不切合实际，但是足以让我们"脑洞大开"，这才是这个方法的要义所在。

2.4 聪明小人法

聪明小人法是阿奇舒勒发明的创新方法。阿奇舒勒的原意是推广 TRIZ 的创新方法，让更多的人，比如非专业技术人员甚至是小学生，都能理解 TRIZ 的发明原理，因此设计了这个方法。

聪明小人法是在综摄法的基础上，由阿奇舒勒进行了 TRIZ 的优化形成的思维方法，这里有必要介绍一下综摄法。

综摄法作为一种创造性思维方法已经在解决新产品开发、已有产品的改进设计、广告创意，以及解决某些社会问题等方面得到广泛使用，并被实践证明不失为一种行之有效的方法。

人们在使用综摄法时应按十个步骤工作，当然也不一定要完全照搬。运用这种方法时要注意两点：一要界定并分析问题；二要利用操作技巧使熟悉者陌生化。

综摄法的创始人威廉·戈登认为，这个技法有两个重要的思考出发点，如表 2.4 所示。

表 2.4 综摄法运用过程

过程	内涵	实例
变陌生为熟悉	把自己接触到的新事物用自己和别人都熟悉的事物去思考和描述	如计算机领域的"病毒"等就是利用人们较熟悉的语言，描述计算机很专业的事物或现象
变熟悉为陌生	对已有的、熟悉的事物,运用新知识或从新的角度来观察、分析和处理,得出新东西	如拉杆天线原是收音机用的，可以把它用作相机支架、伞把、鱼竿、教鞭等

综摄法的实施程序如表 2.5 所示。

表 2.5 综摄法的实施程序

序号	程序	内容
1	确定综摄法小组的构成	小组成员以 5~8 名为宜。其中主持人 1 名，与讨论问题有关的专家 1 名,再加上各种科学领域的专业人员 4~6 名
2	提出问题	会议应该解决的问题一般由主持人向小组成员宣读。主持人应该和专家一起预先对问题进行详细分析
3	专家分析问题	由专家对该问题进行解释,以使成员们理解。主要目的是使陌生者熟悉
4	净化问题	消除前两步中所隐含的僵化和肤浅的地方,进一步弄清问题
5	理解问题	从选择问题的某一部分来分析入手。每位成员应尽可能利用荒诞模拟或胡思乱想法来描述所看到的问题，然后由主持人记录下各种观点
6	模拟的设想	小组成员使用切身模拟、象征模拟等技巧,获得一系列设想,这一阶段是综摄法的关键,主持人记录每位成员的设想,并写在纸上以便查看,从而再激发设想
7	模拟的选择	从各成员提出的模拟中选出可以用于实现解决问题目标的模拟。主持人依据与问题的相关性，以及小组成员对该模拟的兴趣及有关这方面的知识进行筛选
8	模拟的研究	结合解决问题的目标,对选出的模拟进行研究

续表

序号	程序	内容
9	适应目标	使用前面步骤中所得到的各种启示,与在现实中能使用的设想结合起来。在这方面经常使用强制性联想
10	编制解决问题的方案	最后一步要制定解决问题的方案。为了制定完整的解决方案,在这个阶段要尽可能地发挥专家的作用

阿奇舒勒对于聪明小人法的描述,相当于形象化的 IFR 法(最终理想解法,见 2.6 节),也就是说,"小人"是一个理想的结构或者系统,它能够实现设计者想要保留的好的功能,而并不产生不好的影响。例如,我们佩戴的口罩,功能是阻挡"灰尘"(图 2.5)。在呼吸运动中,尘埃颗粒和空气中氧气分子及其他气体分子的运动轨迹是一样的;由于尘埃的颗粒比较大,因此,尘埃颗粒被拦截在口罩细密的网眼之外,部分气体分子通过网眼到达人的鼻子,完成过滤作用。

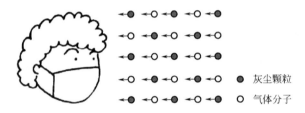

图 2.5 口罩的功能示意图

应用聪明小人法,我们把口罩定义为小人(图 2.6),这个聪明的小人可以拦截任何的灰尘颗粒,但是不拦截气体分子,就像交通警察一样,核查物质的身份,"好的"通过,"坏的"拦截。

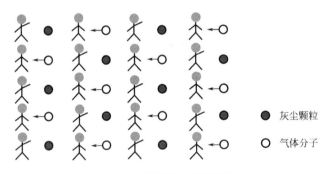

图 2.6 聪明小人法示意图

然后,根据小人的功能进行头脑风暴,思考用什么方式或者什么材料,能够实现小人的这个功能。目前,已经有一种液体口罩被广泛应用,它的工作原理如图 2.7 所示,就是通过液体与灰尘颗粒的结合进行除尘,与灰尘颗粒相比,气体分子的质量实在是微不足道。因此,雾化之后的口罩液体,与空气中有"质量"的灰尘颗粒结合,改变它的运动方向。

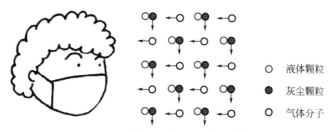

图 2.7 液体口罩的功能示意图

2.5 金鱼法

金鱼法的名字源自童话故事《渔夫和金鱼》。故事讲述了一位贫苦的老渔夫与老婆婆相依为命,一次老渔夫出海打鱼,捞上来一条会说话的金鱼,老渔夫将其放回大海,金鱼非常感激他。老婆婆知道这件事之后却不断地向金鱼索取,老太婆无休止的追求变成了贪婪,从最初的清苦,继而拥有财富,最终又回到从前的贫苦。故事告诉我们,过度贪婪的结果必定是一无所获。

这里的"金鱼法"不仅借由了《渔夫和金鱼》这个故事的名气,更重要的是借其表达"一次又一次发问",循环往复地提问的过程。

例如,在一个正方形中,定位了一个"点"(图 2.8)。如果想知道这个"点"的位置,不能观看,不能测量,只能借助提问来确定位置。那么,应用金鱼法,进行表 2.6 中的提问。

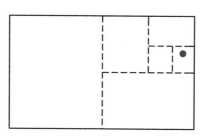

图 2.8 通过金鱼法确定点的位置

表 2.6 应用金鱼法提问确定点的位置

序号	问题	回答
1	点在左边吗?	不是
2	点在右边吗?	是的
3	点在右边的上半部分吗?	是的
4	点在右边的上半部分的左边吗?	不是
5	点在右边的上半部分的左边的上半部分吗?	不是

续表

序号	问题	回答
6	点在右边的上半部分的右边的下半部分吗？	是的
7	点在右边的上半部分的右边的下半部分的左侧吗？	不是
8	点在右边的上半部分的右边的下半部分的右侧吗？	是的
9	点在右边的上半部分的右边的下半部分的右侧的上半部分吗？	是的

依此类推，提问越多，越能准确地定位这个点，这就是金鱼法，一种通过不断提问进而穷尽答案的办法。

例如，如何用空气赚钱？按照金鱼法的步骤进行提问和回答。

① 将问题分解为现实和不现实两部分。

现实：空气、钱、赚钱的想法。

不现实：买卖空气。

② 回答为什么买卖空气是不现实的。

空气在地球上处处都有、取之不尽，不用花钱去买空气。

③ 回答在什么条件下人们要买卖空气。

空气不够，空气中的有益成分稀缺。

④ 确定系统、超系统和子系统的可用资源。

超系统：地球表面、太空、地球磁场和太阳辐射。

系统：空气体积。

子系统：空气的各种成分和空气中的杂质。

⑤ 可能的解决方案。

在空气稀少的场所出售空气，如水下、矿井里。

收集并出售空气中的氧气。

出售空气净化装置。

2.6 最终理想解法

最终理想解法，也叫 IFR 法，是英文 Ideal Final Result 的缩写。最终理想解是一种符号、一个替代方式，在 TRIZ 中是用来替代极限化状态的一种完善的解决方案，类似于我们求解方程式中的符号 a、b、c 或者 X、Y、Z。

最终理想解法是在解决问题的初期，不考虑实际的各种限制因素，用最优的模型结构来替代实现预期目标的一种思维方式。这种方法能够有效地帮助人们克服思维惯性，并且确立正确的解题目标。

最终理想解法的应用步骤如表 2.7 所示。

表 2.7　最终理想解法的应用步骤

步骤	内容
第一步	设计的最终目的是什么？
第二步	最终理想解是什么？
第三步	达到理想解的障碍是什么？
第四步	出现这种障碍的结果是什么？
第五步	不出现这种障碍的条件是什么？
第六步	创造这些条件存在的可用资源是什么？

例如，如何在图书馆或者咖啡厅等环境使用笔记本电脑查阅资料，并且在这个过程中使用者离开时保证物品不会丢失？

应用表 2.7 的步骤进行分析，如表 2.8 所示。

表 2.8　运用最终理想解法防止笔记本丢失

步骤	内容
第一步	设计的最终目的是什么？——笔记本电脑在公共环境内不丢失
第二步	最终理想解是什么？——笔记本电脑不能被他人移动
第三步	达到理想解的障碍是什么？——笔记本电脑因轻薄而移动便捷
第四步	出现这种障碍的结果是什么？——任何人都能够移动笔记本电脑
第五步	不出现这种障碍的条件是什么？——笔记本电脑被使用者"锁"在桌面上
第六步	创造这些条件存在的可用资源是什么？ ——双层桌面，上层为可打开的透明亚克力，下层则是适于存放笔记本电脑、平板电脑或手机等薄型电子设备的储存空间，设置指纹密码锁

综上，我们将 TRIZ 中的五种创新思维方法进行比较，如表 2.9 所示。

表 2.9　五种创新思维方法

序号	方法	特点
1	聪明小人法	拟人设计，形象建模，转化方案
2	金鱼法	注重逻辑，幻想思维，层层逼近
3	STC 法	寻找特性，放大特征，关注价值
4	九屏幕法	寻找资源，系统思维，系统分析
5	最终理想解法	明确方向，双向思考，产生方案

2.7　案例分析

火灾是由人们用火不慎、违章操作、放火、吸烟等因素引发的。水火无情，面对熊熊烈火，受灾群众心急如焚。如何有效地控制火势、快速消灭火灾，是消防部队及各灭火救援力量不断解决的重要课题之一。

润泰救援装备科技河北有限公司经充分的实验研究和现场灭火分析比对，得出利用85℃的热水灭火的效率更高，其原理是热水形成大量的水蒸气，水蒸气通过隔离氧气，使燃烧环境缺氧进而快速灭火。

　　现阶段的消防车包括城市配备的技术设施消防水喉的用水都是常温水，如何获得充足的、达到温度的热水？利用九屏幕法进行分析解决，如图2.9所示。

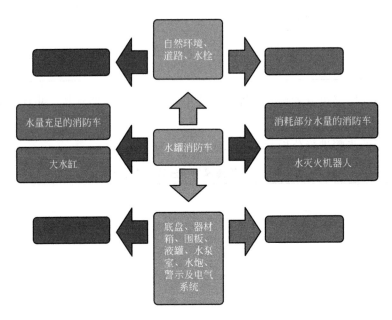

图2.9　应用九屏幕法分析水罐消防车（1）

　　按照步骤，先确定消防车为当前技术系统，超系统是消防车的使用环境，子系统是消防车的各个组成部件。在确定系统的时间轴时，往往会有很多不同的版本出现，这里列举了两个例子，一个是使用过程的时间轴，一个是产品进化过程的时间轴，这两个都是对的。但是，在实际的设计环节中，截取短的时间轴，对我们研究和界定产品更有利。另外，技术进化是TRIZ在另外的工具中重点阐述的。因此，我们提倡，将时间轴缩短，更聚焦，当然，如果在短时间轴的情况下，没有找到合适的资源，也可以逐渐扩大时间轴的范围，尝试用更多的资源去解决问题。

　　因此，我们继续完善九屏幕法分析，如图2.10所示。

　　通过分析，我们在超系统中选取了太阳能，在子系统中选取了发动机，形成了比较理想的解决方案，即可优先利用太阳能光板，以太阳能光板为制热能源，使水罐内水温加热，从而提高"水"的利用率，快速灭火，延缓水带结冰时间。同时在水罐四壁设置水罐保温层，使消防车内的水保持所需的温度，从而达到快速灭火的目的（图2.11）。

　　从这个例子可以看出，九屏幕法是系统思维的一种方法，把问题当成一个系统来研究，有助于我们多角度地看待问题、分析当前系统；同时，也有助于我们突破原有思维局限，注重过程，还原生产场景；在系统层级上，多个方面和层次寻找可利用的资源，可以更好地解决问题。

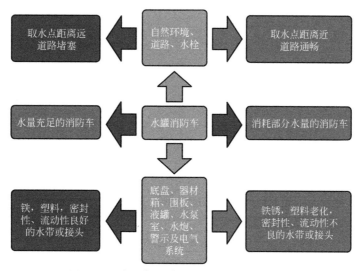

图 2.10　应用九屏幕法分析水罐消防车（2）

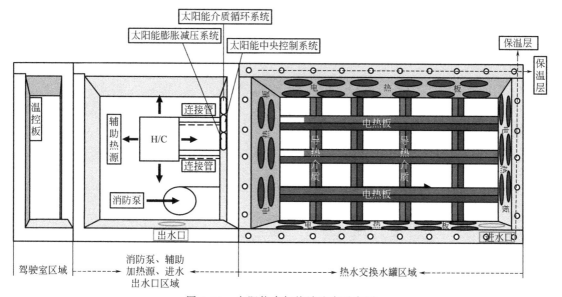

图 2.11　太阳能水加热消防车示意图

思考与练习

1. 思维惯性是有利的还是有害的？对创新者来说，思维惯性是否有益？
2. 聪明小人法是从哪种思维方法演变而来的？
3. 简述金鱼法并举例。
4. STC 法中 S、T、C 分别代表着什么因素？
5. 九屏幕法是用于寻找资源的，这一说法对吗？请简述九屏幕法的步骤。
6. 什么是最终理想解？

第二部分
创新问题的识别与分析方法

第3章 系统的功能分析方法

从某种程度上说,分析问题比直接寻找问题的解决方案更为重要。本章将介绍现代 TRIZ 中一个非常重要的分析问题的工具——功能分析。

3.1 功能分析

功能分析是一种分析工具,它用于识别系统和超系统组件的功能、特点和成本。功能分析可以识别需要解决的问题。下面先介绍几个基本概念。

(1) 工程系统

工程系统是指能够执行一定功能的系统。一般来说,工程系统是可以整体研究的对象。比如,电饭煲作为一个工程系统,它的功能是蒸煮米饭。内胆也可以是一个工程系统,它的功能是盛装米饭。工程系统的级别是相对的,依据研究的目的确定工程系统的范围(图 3.1)。

图 3.1 工程系统的范围是由研究目的决定的

(2) 超系统

超系统是指包含被分析的工程系统的系统。在超系统中,需要分析的工程系统是超系统的一个组件(图 3.2)。组成超系统的组件即为超系统组件。

工程系统和超系统的划分取决于项目的需要。超系统组件可以包括被研究对象之外的组件或超出项目研究范围以外的组件。

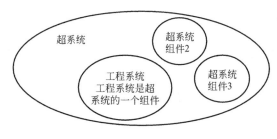

图 3.2 超系统

(3) 功能分析的三个阶段

功能分析分为三个阶段,即组件分析、相互作用分析和功能建模(图 3.3)。
① 组件分析用于识别工程系统和它的超系统的组件。
② 相互作用分析用于识别组件之间的相互作用。
③ 功能建模用于识别和评估组件执行的功能,从而形成功能模型图。

图 3.3 功能分析的三个阶段

3.2 组件分析

组件分析是问题识别阶段中的一个步骤,用于识别工程系统中的组件或相关组件。相关组件可以是系统本身的,也可以是属于与该系统有相互作用或同时共存的超系统的。

3.2.1 组件

组件是一个对象,是组成系统或超系统的一部分。这里所指的组件是广义上的物体,包含物质、场,或者物质和场的组合。

物质是具有静质量的物体,比如钟表、指针、笔、椅子、桌子、水、空气等都属于物质。

场没有静质量,它在物质间传递能量并相互作用,比如电场、声场、热量、重力等都属于场。

由此可得,组件是指组成系统或超系统的物质、场或者物质和场的组合(图 3.4)。

图 3.4 不同类型的组件

3.2.2 选择合适的组件分析层级

进行组件分析时，首先，层级选择要以项目的目标、任务和限制为依据；然后，将组件根据系统组件和超系统组件进行分类。

比如，研究对象是汽车，分析组件的层级可以是电气系统、转向系统和燃油系统等。研究的对象是电气系统时，分析的组件层级可以是交流发电机、接线和电池等。

3.2.3 组件分析的注意事项

进行组件分析时，应注意以下五个问题：

① 在同一层级上选择要用的组件。比如在分析汽车的时候，如果已经列出了电池组件，就无须列出电极、电解液、电池壳等组件。因为它们在两个层级上，电极、电解液、电池壳已包含在电池组件中。

② 把类似的组件作为一个组件。比如同类型的 6 个螺母，在分析时，如果它们的功能相同，可以当成一个螺母组件，而无须区分为螺母 1 和螺母 2。如果螺母的功能不同，则可以将它们加以区分。

③ 组件若要做更详细的分析，应在更低的层次上再次进行组件分析。

④ 超系统组件不是被研究工程系统的一部分，却与工程系统相互影响。比如在研究汽车的时候，风、道路等都属于超系统组件。

⑤ 如果选择层级过少，可能会遗漏某些细节，无法找到问题的根源；如果选择层级过多，会出现组件过多的情况，使工程系统变得过于复杂，分析难度加大。因此，需要根据项目的需要，选择合适的组件分析层级，找出工程系统中可能存在的问题。在实际项目的功能分析中，组件数量尽量保持在 10 个以内，如果超过 20 个，建议将某一部分进行单独的功能分析。

可以用表 3.1 所示的模板进行组件分析。

表 3.1 汽车的组件分析模板

工程系统	组件	超系统组件
汽车	电气系统 转向系统 燃油系统	空气 路面

3.3 组件间的相互作用分析

组件分析后进行相互作用分析。相互作用分析用来分析工程系统中各个组件之间，以及与超系统组件间发生的作用与反作用。

3.3.1 相互作用分析的步骤

当两个组件之间相互接触时，就会产生相互作用。两个组件相互接触，一个组件才会对另外一个组件有某种功能。利用相互作用矩阵分析组件间的相互作用,具体操作步骤如下。

① 在矩阵的第一行列出分析所得的组件,第一列也列出相同的组件,排列顺序需一致,如表 3.2 所示。

② 两两分析组件,判断两者有无相互作用或者接触。在矩阵单元中用"＋"标记有相互作用,以"－"标记无相互作用。

③ 重复以上操作,除自左上到右下的对角线上的单元格为空白外,将矩阵填满。

④ 如果发现某个组件与其他任何组件之间都无相互作用,请重新检查。当确定它与其他任何组件均无相互作用时,则说明该组件在组件间的相互作用分析中无任何功能,可以将该组件从相互作用矩阵中删除。

相互作用矩阵中,带"＋"的单元意味着两个组件间有相互作用功能,后续再分析是什么具体功能。而带"－"的单元意味着两者无相互作用,后续将不再考虑两者之间的功能。

表 3.2 相互作用矩阵

组件	组件 1	组件 2	组件 3	组件 4
组件 1		－	＋	－
组件 2	－		＋	－
组件 3	＋	＋		＋
组件 4	－	－	＋	

3.3.2 相互作用分析的注意事项

进行相互作用分析时应注意以下两个事项。

(1) 容易忽略靠场相互接触的组件

比如,有人会认为两块靠得很近的磁铁间没有相互作用,因为两者并没有接触。事实上,磁铁间能够产生磁场,一个磁铁处于另一个磁铁所产生的磁场中,两者是相互接触的。

再比如,一个人说话另一个人能够听到。可以认为,通过声场第一个人与第二个人有相互作用;也可以认为,一个人产生了声场,通过声场与另一个人产生相互作用。

(2) 在相互作用分析过程中完成所有的矩阵

① 可以检查是否有遗漏。

② 如果矩阵不对称,重新检查是否在相互作用分析过程中出了问题。

3.4 功能建模

功能建模是功能分析的一个阶段,目的在于对工程系统建立功能模型。功能模型描述了工程系统及其超系统组件的功能、用途、性能水平以及成本等。

3.4.1 功能

功能是指一个组件执行的动作，这个动作改变或保持了另一个组件的某个参数。

功能的载体是指执行功能的组件。

功能的对象，即接受功能的组件，是指由于功能的作用使某个参数得以保持或发生改变的组件。

功能的描述如图 3.5 所示。

图 3.5　功能的描述

参数是指组件中可进行比较或测量的属性，如温度、位置、重量、长度等。

比如，热水壶烧水，是一个正确的功能描述，因为热水壶提高了水的温度。热水壶是功能的载体，而水是功能的对象，如图 3.6 所示。

图 3.6　热水壶烧水的功能描述

3.4.2 功能存在的条件

当下列三个条件满足时，功能可能存在。

① 功能的载体和功能的对象都是组件（例如，物质或场）。

② 功能的载体作用于功能的对象，两者之间必须有相互作用，即两者必须相互接触。

③ 在相互作用下，功能的对象至少一个参数应该改变或者保持。

从以上条件可以看出，组件接触并不一定有功能。因为功能需要产生结果，即参数的改变或保持。

3.4.3 功能的语言

功能的语言有助于看到问题的本质。

比如，头盔的功能，是保护头部吗？这一描述满足了功能的前两个条件。头盔和头部都是组件（物质），且两者相互接触。但是，无法满足条件三，因为头盔没有改变头部的参数（如头部的硬度、形状等）。

头盔功能的正确描述是挡住子弹。第一，头盔和子弹两者都是组件；第二，子弹打到头盔时两者相互作用；第三，头盔改变了子弹的参数，如子弹速度和方向。

从上例中可以看出，第二种描述更接近事物的本质。如果头盔的功能描述为保护头部，此后的分析会围绕头盔和头部展开。如果功能描述为挡住子弹，分析的重点在于如何有效地使头盔抵挡子弹。

表 3.3 列出了一些常用的用于描述功能的词。

表 3.3 一些常用的用于描述功能的词

吸收	挡住	加热	控制
分解	冷却	移动	去除
支撑	蒸发/汽化	折射	保持
生成	切割	吸附	粉碎

3.4.4 主要功能

工程系统可以执行的功能是多种多样的。比如，牙刷可以用来移除牙屑，可以刷掉鞋上的污渍，还可以涂抹鞋油。又比如，椅子可以用于支撑人，也可以用于放书（即支撑书）、放衣服（即支撑衣服），在紧急时也可以用于打破窗户逃生。

主要功能用于区分工程系统的设计目的与实际功能。主要功能是设计工程系统意图时确定的，用于完成的功能。比如，椅子的设计目的是支撑人，即主要功能是支撑人，客户消费购买的特性即为主要功能。

一个工程系统的主要功能可能不止一个。比如，汽车的主要功能为运送人或者运输货物；空调的主要功能是加热/制冷空气，调节湿度、去除灰尘和杀灭细菌等。

主要功能是客户最为关注的产品特性。当客户购买灯泡时，客户购买的是灯泡产生光这一主要功能。因此，设计时向客户提供其他产生光的解决方案，而非为客户提供灯泡。

3.4.5 目标

目标是指主要功能的作用对象，如图 3.7 所示。比如，椅子支撑人是椅子的主要功能，那么，椅子的作用对象（即人）就是椅子的目标。

图 3.7 目标是主要功能的作用对象

目标不是工程系统的一部分，它属于超系统组件。如何确定目标呢？

首先，确定工程系统的主要功能，即工程系统的设计目的。

其次，判断工程系统主要功能的作用对象是否为超系统组件。

最后，判断工程系统主要功能的作用对象的某个参数的数值在主要功能的作用下是否保持或改变。

例如，研究系统是车。首先，车的主要功能是运输乘客和货物。其次，车的作用对象是乘客和货物，两者属于超系统。最后，作用对象发生变化的参数是它的物理位置。因此，乘客和货物是车的目标。

3.4.6 功能的分类

按照组件在工程系统中的作用，将功能分为有用功能和有害功能。

功能作用对象的参数向所需要的方向改变则为有用功能；功能作用对象的参数向坏的方向转换则为有害功能。比如，牙刷刷毛把牙膏刷到牙齿上或者刷毛把食物从牙齿上清除掉是有用功能；牙刷刷毛伤害牙龈是有害功能。

在工程系统中，组件功能的好坏是主观判断的。有用功能和有害功能需要根据项目的目标具体判断，不能一概而论。比如，头盔的主要功能是有用功能还是有害功能？如果设计对象是戴头盔的人，头盔挡住子弹，保护人的安全，与期望一致，则头盔抵挡子弹是有用功能。反之，设计的目的是提高子弹的杀伤力。头盔挡住子弹，子弹不能有效地射杀对方，则头盔抵挡子弹是有害功能。因此，头盔挡住子弹是客观功能。但是，随着研究的角度不同，有用功能和有害功能也有所不同。

有用功能按照功能的性能水平又可分为正常的功能、不足的功能和过度的功能。

如果有用功能的性能水平达到期望，即与期望相符，则为正常的功能；

如果一个功能所达到的性能水平低于期望值，即参数的实际变化小于所需要的变化，则为不足的功能；

如果一个功能所达到的性能水平高于期望值，即参数的实际变化大于所需要的变化，则为过度的功能。

过度的功能和不足的功能都是工程系统中的缺陷。

例如，空调的主要功能是制冷空气。人的舒适体感温度的区间为20～25℃。当室外温度为35℃时，如果空调制冷后室内空气的温度在20～25℃，则为正常的功能；如果制冷后，温度虽然下降为30℃，但没有达到期望，则为不足的功能；如果制冷后温度为10℃，温度过低，超出期望，则为过度的功能。

为了直观地表示不同的功能，使用符号加以区分。功能的分类及图形符号如图3.8所示。

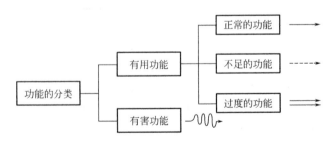

图3.8 功能的分类及图形符号

除正常的功能外，有害功能、不足的功能、过度的功能可作为关键问题，运用TRIZ中解决问题的工具（如因果链分析、剪裁等）做进一步的深入分析。

3.4.7 有用功能的等级

根据功能的作用对象的不同，将有用功能分为基本功能、辅助功能和附加功能。这三类功能不是同等重要的，越靠近目标要求的功能越重要。

针对目标的有用功能是基本功能，分配的等级最高，标记为 3 分；

针对超系统中的组件而不是目标的有用功能是附加功能，标记为 2 分；

针对工程系统中的组件的有用功能是辅助功能，标记为 1 分。

下面以电热水壶为例来说明以上三种功能。

由于电热水壶的主要功能是加热水，因此水就是电热水壶的目标。对目标（即水）的有用功能就是基本功能。因此，加热水是基本功能，盛装水也是基本功能。

加热水的过程中会产生水蒸气，水蒸气不是工程系统组件，而是超系统组件，所以针对水蒸气的有用功能就是附加功能，比如壶盖挡住水蒸气是附加功能。

滤网是工程系统组件，对滤网的有用功能就是辅助功能，比如，滤网清除水垢就是辅助功能。

3.4.8 价值

通过对功能标记分数，将某个组件所有的有用功能的得分进行加和，得到该组件的功能总分，得分越高说明该组件的功能性越强。

组件成本包括材料成本和人工成本等，可计算出具体数值。通过功能值和成本值，可得出该组件的价值，即价值 $V=$ 功能 $F/$ 成本 C。

某工程系统中各个组件的价值计算结果如表 3.4 所示。

表 3.4 某工程系统中各个组件的价值计算结果

组件	功能得分	成本/元	价值/元$^{-1}$
组件 1	1	100	1/100
组件 2	2	80	2/80
组件 3	3	60	3/60
组件 4	1	30	1/30

将表 3.4 的数据用图表示则得到图 3.9。

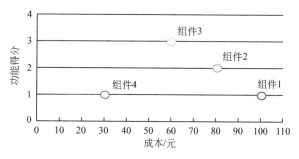

图 3.9 功能与成本分析

3.4.9 功能-成本分析图

根据功能和成本的分布，可以得到功能-成本分析图，如图 3.10 所示。每个组件在功能-成本分析图中都有相应的定位，其斜率就是价值。

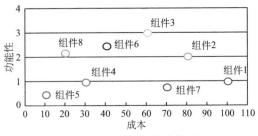

图 3.10 功能-成本分析图

然后在功能-成本分析图中画一条对角线，使图中所列的组件分布于对角线的两边，得到成本功能斜线分布图，如图 3.11 所示。功能性强的组件成本高是合理的。因此，组件设计的位置离对角线越近越合理。

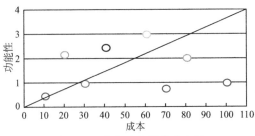

图 3.11 成本功能斜线分布图

功能-成本分析图还可以用于针对不同组件拟定相应的改进策略。策略的目的在于提高组件的价值。如图 3.12 所示，将功能-成本分析图分为 4 个区域。

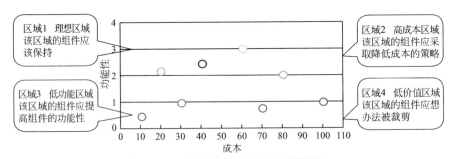

图 3.12 功能-成本分析图的不同策略区

区域 1 的组件，功能性高，成本较低，组件的价值相对高，区域 1 称为理想区域。

区域 2 的组件，功能性不错，但成本较高。因此，应采取降低成本的策略，即通过降低成本提高价值。

区域 3 的组件，功能较低，成本也不高，采取的策略是提高其功能性，使该区域的组件具有更多的有用功能，通过提高功能性进而提高组件的价值。应该尽量将区域 2、3 内的组件转移至区域 1。

区域 4 的组件，功能性不高，但成本高，因此价值低。应该对该区域内的组件进行剪裁，将它所执行的有用功能转移给其他组件，由其他组件来执行同样的有用功能，就可以保留原有的有用功能。

3.5 创建功能模型

3.5.1 创建功能模型的步骤

功能模型建立在组件分析、相互作用分析和功能分析的基础上，功能模型是功能分析的结果。建立功能模型的步骤如图 3.13 所示。

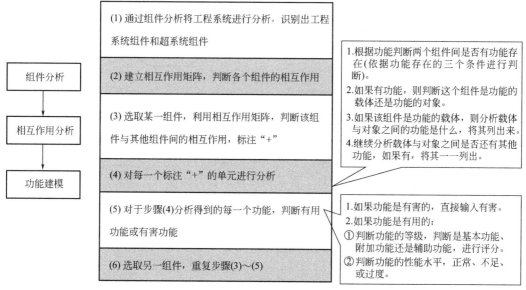

图 3.13 建立功能模型的步骤

经过以上分析后，最终将会产生如表 3.5 所示的工程系统功能模型列表。

表 3.5 工程系统功能模型列表

	功能	功能排名	性能水平	得分	备注
输入功能	功能载体 1				
	动词/对象×	基本,附加,辅助,或有害	不足,过度,或正常		
	动词/对象×	基本,附加,辅助,或有害	不足,过度,或正常		
	功能载体 2				
	动词/对象×	基本,附加,辅助,或有害	不足,过度,或正常		
	动词/对象×	基本,附加,辅助,或有害	不足,过度,或正常		

输入功能排名

3.5.2 功能模型的图形化表示

表 3.5 不能很直观地反映工程系统的功能分析，用图示的形式表示表 3.5 的内容。在图示中用不同形状的框图表示组件分析中所列出的组件，包括工程系统组件、超系统组件（目标是一种特殊的超系统组件）。

如图 3.14 所示的功能模型中，组件 1 对组件 2 的功能为有害功能，组件 2 对组件 4 的功能为不足的功能。

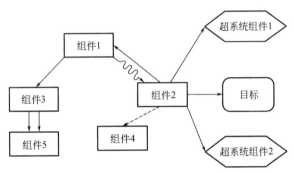

图 3.14　工程系统功能模型的图形化表示

3.5.3 功能分析时的注意事项

① 功能分析最好由团队一起进行，有利于团队达成共识。
② 对工程系统进行功能分析，对工程系统的认识会更加深入、全面。对不清楚的功能，不要轻易放过，深入了解非常重要。
③ 对于同一工程系统，功能分析的结果不唯一。
④ 图形化的功能模型比表格化的功能模型更直观。

3.6　功能分析案例

3.6.1 案例一

以牙刷为例说明功能分析的过程。将牙刷分为三个部分，即刷毛、牙刷柄和牙刷头。

（1）组件分析

要进行组件分析，首先要根据项目限制划分出工程系统和超系统，列出工程系统组件和超系统组件。相应的组件分析如表 3.6 所示。

表 3.6　牙刷工程系统组件分析

工程系统	组件	超系统组件
牙刷	刷毛 牙刷柄 牙刷头	手 牙膏 牙齿

(2) 相互作用分析

列出表 3.6 中的组件，制作相互作用矩阵。两个组件有相互作用标记"＋"，表示可能存在功能，相互作用分析矩阵如表 3.7 所示。

表 3.7　牙刷工程系统相互作用分析矩阵

组件	刷毛	牙刷柄	牙刷头	手	牙膏	牙齿
刷毛			＋		＋	＋
牙刷柄			＋	＋		
牙刷头	＋	＋				
手		＋				
牙膏	＋					＋
牙齿	＋				＋	

(3) 功能建模

针对每一个组件对应的标注"＋"的单元，分析两者之间的功能，得出牙刷工程系统的功能分析表，结果如表 3.8 所示。

表 3.8　牙刷工程系统的功能分析表

功能	等级	性能水平	得分	总分
刷毛				
去除食物	基本功能	正常	3	5
挤牙膏	附加功能	正常	2	
牙刷头				
固定刷毛	辅助功能	正常	1	2
移动刷毛	辅助功能	正常	1	
牙刷柄				
固定牙刷头	辅助功能	正常	1	2
移动牙刷头	辅助功能	正常	1	
牙膏				
去除食物	基本功能	正常	3	3
手				
持牙刷柄	辅助功能	正常	1	2
移动牙刷柄	辅助功能	正常	1	

(4) 功能模型的图形化表示

将表 3.8 进行图形化表示，如图 3.15 所示。通过图形，各个功能一目了然。

3.6.2　案例二

以椅子为例说明功能分析的过程。将椅子分为三个部分，即椅子腿、坐垫和靠背。

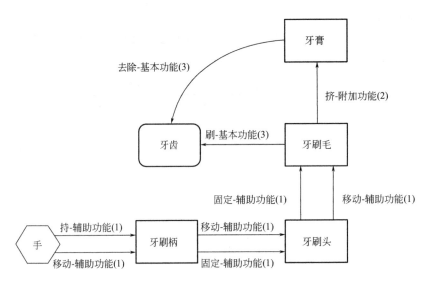

图 3.15　牙刷功能模型的图形化表示

(1) 组件分析

要进行组件分析，首先要根据项目限制划分出工程系统和超系统，列出工程系统组件和超系统组件。相应的组件分析如表 3.9 所示。

表 3.9　椅子工程系统组件分析

工程系统	组件	超系统组件
椅子	靠背 坐垫 椅子腿	人 地面

(2) 相互作用分析

列出表 3.9 中的组件，制作相互作用矩阵。两个组件有相互作用标记"＋"，表示可能存在功能，相互作用分析矩阵如表 3.10 所示。

表 3.10　椅子工程系统相互作用分析矩阵

组件	靠背	坐垫	椅子腿	人	地面
靠背		＋		＋	
坐垫	＋		＋		
椅子腿		＋			＋
人	＋	＋			＋
地面			＋	＋	

(3) 功能建模

针对每一个组件对应的标注"＋"的单元，分析两者之间的功能，得出椅子工程系统的功能分析表，结果如表 3.11 所示。

表 3.11 椅子工程系统的功能分析表

功能	等级	性能水平	得分	总分
坐垫				
支撑人	基本功能	正常	3	4
支撑靠背	辅助功能	正常	1	
靠背				
支撑人	基本功能	正常	3	3
椅子腿				
支撑坐垫	辅助功能	正常	1	1
破坏地面	有害			
地面				
支撑椅子腿	辅助功能	正常	1	4
支撑人	基本功能	正常	3	

（4）功能模型的图形化表示

将表 3.11 进行图形化表示，如图 3.16～图 3.19 所示。通过图形，各个功能一目了然。

① 分析坐垫的功能，如图 3.16 所示。

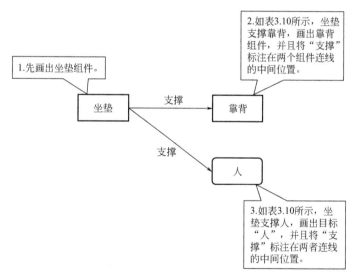

图 3.16 分析坐垫的功能

② 分析靠背的功能，如图 3.17 所示。

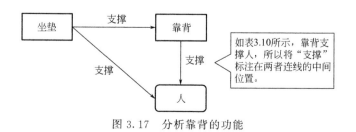

图 3.17 分析靠背的功能

③ 分析椅子腿和地面的功能,如图 3.18 所示。

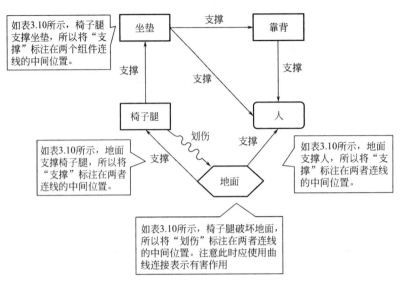

图 3.18　分析椅子腿和地面的功能

④ 最终完成椅子的功能模型的图形化表示,如图 3.19 所示。

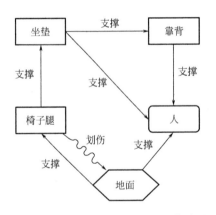

图 3.19　椅子的功能模型的图形化表示

⑤ 功能缺点列表。将功能分析过程中得到的有问题的功能列出来,形成一个功能缺点列表,如表 3.12 所示。

表 3.12　椅子工程系统的功能缺点列表

序号	功能缺点
1	椅子腿划伤地面

第4章 物-场分析方法

物-场分析方法是阿奇舒勒在其专著《创造是精密的科学》中提出的解决问题的方法，用来描述和分析与现存技术系统有关的模型问题，是TRIZ体系中一个重要的解决发明创造问题的分析工具。技术系统存在的目的是实现功能，而实现功能的基础是物理现象，功能的实现是在系统实践和空间上合理设计或安排相应的物理现象。物-场分析方法通过建立系统内结构化的问题模型来正确地描述系统内的问题，用符号语言清楚地表达技术系统（子系统）的功能，正确地描述系统的构成要素以及构成要素之间的相互联系。

物-场分析方法产生于1947—1977年，现在已有76个标准解，这76个标准解（见附录1）是最初解决方案的浓缩精华，因此，物-场分析方法为我们提供了一种方便快捷的方法。物-场分析方法最适合解决模式化问题，就像解决冲突有一个固定的模式一样。当然，比起其他TRIZ工具，物-场分析方法需要更多的支持性知识。

阿奇舒勒通过对功能的研究发现了三条定律：

① 所有的功能都可分解为三个基本元件，即两种物质（S_1，S_2）和一种场（F）；
② 一个存在的功能必定由三个基本元件构成；
③ 将相互作用的三个基本元件有机组合将产生一个功能。

组成功能的三个基本元件分别为两种物质及一种场。

通常来说，理想的功能是场Field（F）通过物质Substance 2（S_2）作用于物质Substance 1（S_1）并改变S_1。其中，物质（S_1和S_2）的定义取决于具体的应用。每一种物质都可以是材料、工具、零件、人或者环境等。S_1是系统动作的接受者，S_2通过某种形式作用在S_1上。物质可以是一个独立的物体，也可以是一个复杂的系统。完成某种功能所需的方法或手段就是场。

作用在物质上的能量或场主要有：

Me——机械能　　　　　Th——热能　　　　　Ch——化学能
E——电能　　　　　　M——磁场　　　　　G——重力场

与场有关的知识也常常被用在不同系统的三角组合关系中。TRIZ中，采用两种物质和一种场的方式来表达技术系统中相互作用和能量转换关系的符号模型称为物质-场模型（Su-

Field Models),简称物-场模型。

对一个正在运转的技术系统而言,用两种物质和一种场进行描述是必要且足够的,如图 4.1 所示。

图 4.1 物-场三角关系图

物-场模型的三元件之间的关系可以用以下 5 种不同的连接线表示:

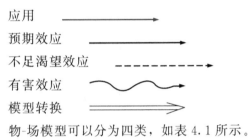

物-场模型可以分为四类,如表 4.1 所示。

表 4.1 物-场模型分类

序号	分类	内涵
1	不完整系统	组成系统的三元件中部分元件缺失,需要增加元件来实现有效完整功能,或者用一种新功能代替
2	有效完整系统	系统中的三元件都存在,且都有效,能实现设计者追求的效应
3	非有效完整系统	系统中的三元件都存在,但设计者所追求的效应未能完全实现。如产生的力不够大,温度不够高等。为了实现预期的效应,需要改进系统
4	有害完整系统	系统中的三元件都存在,但产生与设计者追求的效应相冲突的效应。创新的过程中要消除有害效应

从表 4.1 中可以看出,如果三个元件中缺失任何一个元件,则表明该模型需要完善,同时也就为发明创造、创新性思索指明了方向。如果具备所需的三元件,则物-场模型分析就可以为我们提供改进系统的方法,从而使系统更好地完成功能。

4.1 如何构建物-场模型

场本身属于某种形式的能量,这种能量促使系统发生反应,进而实现某种效应。该效应既可以作用在 S_1 上,又可以作用在场信息的输出物上。场是一个很广泛的概念,包括物理方面的场(如电磁场、重力场等)以及其他类型的场(如热能、化学能、机械能、声场、光等)。

两种物质就可以组成一个完整的系统、子系统或者一个独立的物体。一个完整的模型是两种物质和一种场的三元有机组合。创新问题被转化成这种模型,目的是阐明两种物质和场之间的相互关系。

4.1.1 构建物-场模型的步骤

第一步：识别元件。定义模型中的三个基本元件。其中，场可以作用在两种物质上，也可以和物质 S_2 组合成一个系统。

第二步：构建模型。对系统的完整性、有效性进行评价，如果缺少组成系统的某元件，那么要尽快确定它。

第三步：从 76 个标准解中选择一个最恰当的解。

第四步：进一步发展这个解（新概念），以支持获得的解决方案。

在第三步和第四步中，要充分挖掘和利用其他知识性工具。

图 4.2 的流程图明确地指出了研究人员如何运用物-场模型实现创新。可以看出，分析性思维和知识性工具之间有一个固定的转化关系。

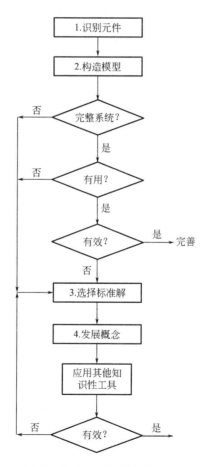

图 4.2 物-场模型解决问题流程图

这个循环过程不断地在第三步和第四步之间往复进行，直到建立一个完整的模型。第三步使研究人员的思维有了重大的突破。为了构造一个完整的系统，研究人员应该考虑多种选择方案。

4.1.2 物-场分析案例

应用构建物-场模型的四个步骤构建一个打破岩石的模型。

(1) 识别元件

要实现的功能：打破岩石。

功能＝打破岩石

岩石＝S_1

该系统缺少：工具和能源（场）。

工具＝S_2

能源＝F

(2) 构建模型

非完整系统：岩石是S_1。如果只有岩石，那么要实现岩石破裂的功能是不可能的，这个模型是非完整的[图4.3(a)所示模型]。如果只有岩石（S_1）和铁锤（S_2），该模型也是非完整的[图4.3(b)所示模型]。同样，如果只有某种能量（如重力场F）和岩石（S_1）这两种元件，那么该模型也是非完整的[图4.3(c)所示模型]。

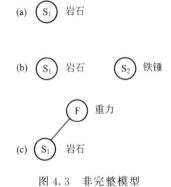

图4.3 非完整模型

在这些非完整模型中，渴望效应都没有实现。完整的系统在最后时刻都可能产生有用的渴望效应。一个完整的系统可以是一个充气铁锤，它可以把铁锤提供的机械力作用在岩石上。在图4.3(b)所示的非完整模型中，铁锤可以将机械能（F_{Me}）作用在岩石上，这样图4.3(b)所示的模型就变成完整模型了，如图4.4所示。

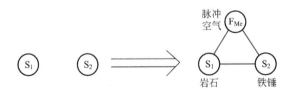

图4.4 一个模型和某一元件的有机组合就可以实现预期功能

如果一个完整的系统已经被定义，则要分析系统的性能。对一个完整系统性能的评价有三种可能的答案：有效完整系统、有害完整系统、无效完整系统。

有效完整系统：系统实现了渴望效应（图4.5）。

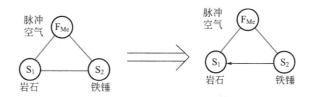

图4.5　一个完整的系统完成预期任务

完整系统没有实现渴望效应有两种情况：一是发生有害效应；二是所得结果是不充分的。

（3）从标准解中选择合理的解决方案

有害完整系统：在76个标准解中，有很多可以用来消除有害效应（图4.6）。应用76个标准解决方案，我们可以有两种方法——引进另一种物质（图4.7），或者引进另一种场（图4.8）。考虑不同的场、不同的物质，就可以得到新的解决方案。

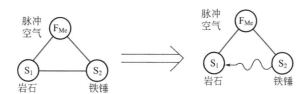

图4.6　一个有害效应

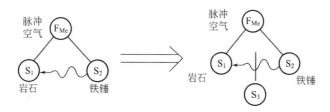

图4.7　引进另一种物质

图4.8　引进另一种场

无效的完整系统：标准解也可以用来改善无效功能（图4.9）。对于新的场和物质应该尽量考虑足够多的改进方案。通过改善或者增加模型的元件，可以有六种不同的方法改善系统功能。比如，改变物质（图4.10），或者将机械能变为不同的场、将锤子变为不同的物质（图4.11）。

图4.9　应用一个标准解来改善无效功能

图4.10　通过改变物质来改善功能

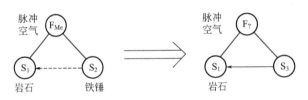

图4.11　通过改变场来改善功能

可以尝试在岩石和铁锤之间插入一个场（图4.12）。比如，一种可以使岩石变脆的化学能将会很有效。

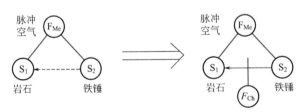

图4.12　通过应用附加场改善系统

另外，一种附加物质，或者另一种物质和场也可以附加在模型中（图4.13）。

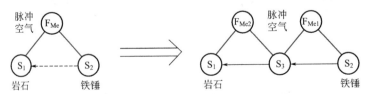

图4.13　通过附加物质或附加另一种场和物质来改善系统功能

总之，每一种解决方案都可以激发若干种新的发明创造思想。76 个标准解决方案仅仅提供了一种系统化的方法，研究人员应该遵循这个主要的方向，熟练运用效应知识和知识性工具来发展这种观点，努力实现每个细节的创新。

(4) 进一步发展这种概念，以支持所得解决方案

利用第三步中应用 76 个标准解决方案确定的方案建议，可以得到若干解决问题的主要方向，继续研究便可找到解决创新问题的方案。

有害完整系统：如果将飞扬的岩石碎片作为有害功能，可以尝试用一顶金属帽子或者盖在岩石上的金属网充当附加物质，用来消除有害效应（图 4.7）。如果需在系统中引入新的场，则应该考虑各类型可能的场。如，若岩石里含有水分，则可通过冷冻的方法，使岩石里的水分体积膨胀，从而使岩石发生破裂（图 4.8）。这种破裂会随着水分逐渐冷冻、体积逐渐增大而逐渐发生，所以就减少了炸裂时的碎片。这种效应也可以认为是"最佳效果"，因为它还可以减少实现功能所需要的机械能。

无效完整系统：岩石的破裂没有实现或者实现得不太理想（图 4.9）。

在图 4.10 中，改变物体（S_3）的一种可能就是将锤头的材料由铁换成其他材料，如岩石。在图 4.11 中，如果是从改变场入手，可以尝试用燃气热能（F_{Th}）和水（S_3）产生水蒸气。这种快速变化的温度可以粉碎岩石。图 4.12 中的附加场可以是化学能（F_{Ch}），这样可以使岩石变得更脆一些。在图 4.13 中，为了加入一种物质和一种场，可以在铁锤和岩石之间放一把凿子，这样就形成两个三元件的系统。首先，空气压力（F_{Me1}）作用于铁锤（S_2）上，然后，铁锤又将能量传给凿子（S_3），凿子再使能量作用在岩石（S_1）上，实现渴望效应。

至于如何劈开石头，古老的英格兰人的做法是在岩石上钻孔，冬天的时候再把水倒入岩石的孔里。这个模型也有两个三元件组合：首先机械能用来在岩石上打洞，然后要把水倒入岩石上的洞里，应用热能的变化——冷冻实现劈石功能。每一种可选择的场都能破坏岩石微粒之间固有的内在惯性，这种内在惯性阻碍了岩石的破裂。

4.2 利用物-场模型分析实现创新

物-场模型分析方法是 TRIZ 的一种分析工具，熟练应用该工具，可以实现创新设计。在技术系统的"参数属性"不明显的情况下，冲突矩阵无法发挥有效的作用。有些情况下冲突是不可见的，但是问题依然存在，此时，技术系统问题的"结构属性"比较明显，适于使用物-场分析法解决。例如，工业上常用电解法生产纯铜，但是在电解的过程中，会有少量的电解液残留在纯铜的表面，而这些残留液会导致纯铜在储存过程中产生氧化斑点，使纯铜产生缺陷，造成经济损失。为了减少损失，纯铜在储存之前需要进行清洗，但由于纯铜表面的毛孔非常细小，要彻底清除残留的电解质比较困难。如何改善清洗过程以使纯铜得到彻底的清洗呢？下面应用物-场模型分析方法来解决这个问题。

(1) 识别元件

电解质=S_1；水=S_2；机械清洗过程=F_{Me}。

(2) 构造模型

如图 4.14 为该系统的物-场模型,在现有的情况下,系统不能满足渴望效应的要求,因为纯铜表面由于有电解质的存在而变色。

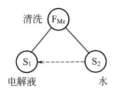

图 4.14 不能满足渴望效应的物-场模型

(3) 从 76 个标准解中选择合适的解

在 76 个标准解中发现,在模型中插入一种附加场以增加这种效应(清洗)是一种可行方案,如图 4.15 所示。

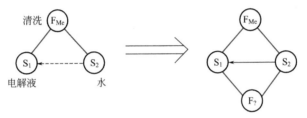

图 4.15 附加一种场以加强效应的方案

(4) 进一步发展这种概念,以支持所得解决方案

尝试几种其他类型的场用来加强清洗的效应。例如,利用超声波;利用热水的热能;利用表面活性剂的化学特性;利用磁场磁化水,进而改善清洗过程。

考虑另一种标准解,从而再循环进行第(3)步中的过程。对第(3)步中描述的每一种标准解,其相关的概念都应该在第(4)步中得到继续发展,探求所有的可能性。对每一种情况都要想一想究竟是为什么。

从标准解中选择另一个不同的解:插入物质 S_3 和另一种场(图 4.16)。

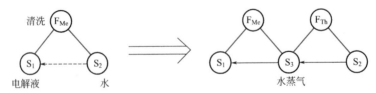

图 4.16 与标准解不同的另一种解决方法

发展一种概念:F_{Th} 是热能,S_3 是水蒸气(图 4.16)。利用过热水蒸气(水在一定的压力下,温度可达 1000℃ 以上)去除纯铜表面残留物。水蒸气将被迫进入纯铜表面的非常细小的孔中,使电解质离开纯铜表面。

在技术领域里,当面对一个比较复杂的问题却无从下手的时候,通常会将其分成许多简单易解的问题逐个解决。而物-场模型分析方法是一种既可用在复杂的大问题上又可用在小问题上的方法。灵活运用物-场分析,把实际工作中需要解决的问题用物-场模型描述,明确物-场模型中三元件的相互关系,把需要解决的问题格式化,然后应用76个标准解,就可以解决技术矛盾或技术冲突,从而实现发明创造、创新设计。

4.3 案例分析

案例1 采用喷淋技术加工单向导湿纺织品

(1) 技术问题描述

描述纺织品与水分之间性能关系的主要有"吸湿""快干""疏水""导湿""排汗"等功能术语。其中,"吸湿"是指具有较高的回潮率。提高吸湿性的技术途径是采用吸湿性好的纤维(如棉、毛、麻、丝、黏胶纤维),或对原来吸湿性不太好的纤维进行改性(比如对涤纶进行共聚改性或接枝改性),增加其能与水分子结合的极性基团;"快干"是指织物被水湿润后水分子能快速脱离,因此需要采用吸湿性差的纤维,并在织物结构上形成有利于水分子蒸发扩散的空间通道;"疏水"与快干有类似的物理基础,但更侧重不积聚液体水,人体接触疏水性好的纺织品时感觉干燥,不黏附身体;"导湿"是指液态水分容易在织物中扩散传递,但实际上仅指沿织物平面方向上的传递与扩散,在评价指标上多采用"毛效"即水分芯吸高度来评价;"排汗"则是特指汗水(也是液态水)的扩散传递,主要也是沿织物平面方向基于毛细芯吸效应的扩散传递,并在此基础上实现织物外表面水分的蒸发。

织物的单向导湿性能是一种比较新且更符合使用要求的功能。因为着装者需要的是直接从织物内侧向外传递水分而反之则受到限制。这会大幅度提高汗水的排放逸散速度,同时提高着装者的舒适性和工作效率。开发单向导湿面料对改善夏服的舒适性至关重要。

① 技术系统示意图 试图建立更加广泛的液态水单向输运通道,使内侧水分沿织物法向的毛细管直接输送到织物外侧。技术系统示意图如图4.17所示。

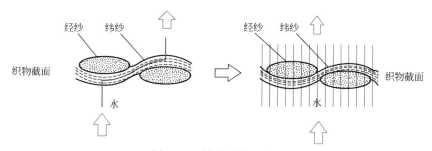

图4.17 技术系统示意图

② 背景描述 建立织物单向导湿功能的方法有三种。

a.采用两种纱线原料。其中一种纱线经亲水化或憎水化处理,目的是要让两种纱线具有不同的表面张力,再通过选用专门设计的特殊织物组织,使织物内面的相对拒水的组织点占多数(例如3/4),使织物外表面暴露的相对拒水的组织点占少数(例如1/4),由此形成差动毛细效应,使织物内面接触到的液体水在差动毛细力F的作用下,直接沿法向输运到织物外表面，起到单向导湿的作用。

b. 采用印花的方法。在织物的内表面用拒水整理剂印制点状花纹，在带有拒水性的点状花纹之间形成亲水通道，在毛细力 F 的作用下，实现织物的单向导湿。

c. 采用静电喷雾的方法。灵便地在织物内表面喷洒拒水整理剂，经烘干形成散布的拒水点，在拒水点之间形成亲水性的毛细通道，在毛细力 F 的作用下，实现织物的单向导湿。

方法 a 和 b 因加工流程长导致成本相对较高；方法 c 只要在定型机前加一个喷淋装置即可，且因喷洒的拒水剂用量只有 $5\sim10\text{g/m}^2$，故能耗很小，具有显著的节能效果。

③ 问题工况　涉及织物单向导湿功能的主要因素有：

a. 纤维的浸润性。纤维的浸润性决定于纤维的亲水性。纤维的亲水性与纤维种类有关，而纤维的种类决定于织物的用途和价位。一般经充分的练漂处理的棉织物有良好的亲水性和浸润性；粘胶纤维也具有良好的浸润性。

b. 毛细通道的形成。沿织物法向的毛细通道不可能由织物组织或纤维特性自动形成，必须采用特殊的结构设计或特殊的加工来实现。采用喷淋拒水剂雾滴的方法，雾滴飘落处为拒水区域，在没有接受雾滴的区域因其原来经过亲水化处理，则仍然保留其亲水特性；在多个拒水雾滴包围的小区域则形成小的沿织物法向的通道，这就是采用喷雾法形成沿织物法向的毛细管的原理。由于这种毛细管是由两种表面物质的表面张力决定的，故可以称为差动毛细效应，只要两种表面状态保持差异，即可维持毛细管的芯吸作用。因此，采用这样的方法比较容易实现长期的单向导湿效果。

c. 毛细管的当量直径直接关系到液态水的芯吸流量。当毛细管直径较小时，毛细管具有大的毛细力，但毛细管的流量偏小；当毛细管直径较大时，毛细力偏小而毛细流量偏大。因此，采用喷雾方法建立毛细管，要有合适的雾滴粒径及合适的撒布密度。

(2) 技术矛盾分析及解决方案

采用物-场分析方法研究本技术系统的问题。

第一步：识别元件。

将纺织品及接触的汗水作为一个技术系统，其中对液态水起驱动作用的场是毛细力 F，将面料织物视作物质中的 S_1，将接触的汗水视作 S_2。

第二步：构建模型。

对系统的完整性、有效性进行评价，如果缺少组成系统的某元件，那么要尽快确定它。

显然，在这样的状态下，毛细力 F 没有能力驱使汗水直接沿法向输送到织物外侧，即毛细力 F 的作用是不充分的。物-场分析模型如图 4.18 所示。

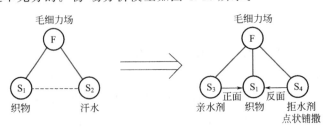

图 4.18　物-场分析模型

第三步：从 76 个标准解中选择一个最恰当的解。

按照物-场分析法之"向内部复杂物质-场跃迁"的解法（标准解 1.1.2），需要增加两种永久的内部添加物 S_3（亲水剂）和 S_4（拒水剂），并且 S_4 采用点状铺撒的方式，使织物内侧形成由点状铺撒的拒水剂围起来的亲水区域，成为毛细管道，当液态水接触到织物内侧时，由毛细力 F 拉动液态水向织物外侧传递。

同时，由于点状铺撒的拒水剂 S_4 只在每一个具体位置的厚度方向渗入一定尺寸，且逐渐减少，故形成向外开口的锥状毛细管，使液态水在织物正面铺展开来，有利于液态水在表面蒸发散湿。

结合专业知识，最后确定在对织物进行预处理施加亲水剂 S_3 的前提下，采用含氟拒水整理剂为新增的内部添加物 S_4，以喷雾方式点状施加。并且采用静电场控制雾滴的大小和铺撒间距，以及对织物的冲击渗入深度。这种静电场控制下的喷雾施加方式比印花法效果更好且成本低廉。

第四步：进一步发展这个解（新概念），以支持获得的解决方案。

最终设计两种雾化设备。图 4.19 和图 4.20 所示为气助静电雾化喷淋系统结构和染整装置的示意图；图 4.21 和图 4.22 为陈列式静电雾化染整设备结构示意图。

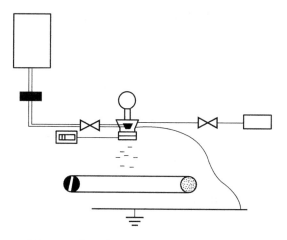

图 4.19 气助静电雾化喷淋系统结构示意图

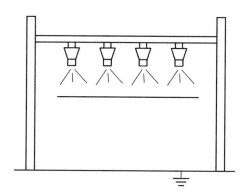

图 4.20 气助静电雾化喷淋机中的静电雾化染整装置的示意图

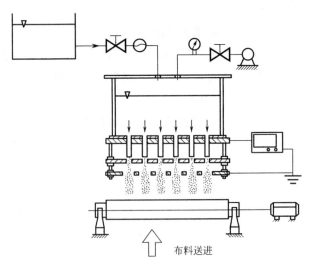

图 4.21 陈列式静电雾化染整设备结构主视图

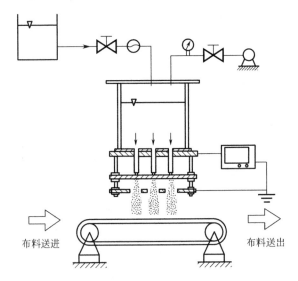

图 4.22 陈列式静电雾化染整设备结构右视图

案例 2　延长磨煤机制备生产中热电偶使用寿命

(1) 问题背景

某炼铁厂磨煤制粉生产工艺中,磨煤机出口温度是一个重要的生产监控参数,现场用热电偶（E 型）来测量温度,如图 4.23 所示。

(2) 问题描述

将热电偶插入输煤管道中,管道中高速流动的煤粉、热风混合物,不间断冲刷热电偶插入管道中的部分,将热电偶保护管磨漏后,其温度失准,必须更换热电偶。磨煤机出口温度测量工艺结构如图 4.24 所示。

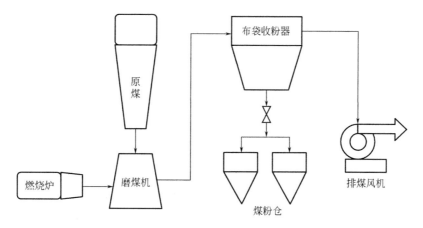

图 4.23 磨煤机系统示意图

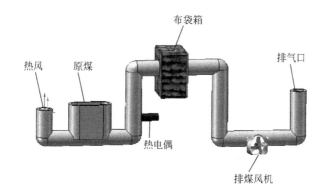

图 4.24 磨煤机出口温度测量工艺结构示意图

一般来说,三个月热电偶即磨漏而失准,有些地方甚至一个星期就损坏失准,电偶磨损前后对比如图 4.25 所示。如此高的故障频率,大大增加了计量人员工作量,浪费生产资源,增加生产成本,影响现场工艺参数检测,费时费力且影响安全生产。

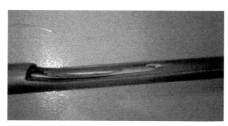 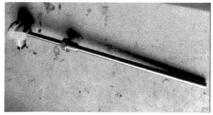

图 4.25 电偶磨损前后对比

该问题长期困扰生产厂及计量维护人员,多次进行技术改造但效果不理想。

改造方案 1:给热电偶插入部分套装耐磨陶瓷管,如图 4.26 所示。但此方案共使用两次,均以仪表计算机板损坏而告终,究其原因是煤粉摩擦陶瓷表面而产生静电,静电荷通过热电偶的导线传出而烧毁计算机板。

图 4.26　方案 1

改造方案 2：给热电偶插入部分喷涂耐磨层，如图 4.27 所示。这一工序委托热电偶生产厂来完成，会使热电偶的价格略有增加，现在使用的热电偶均为有喷涂耐磨层的热电偶。但即使这样，热电偶三个月甚至一个星期左右还是会损坏失准进而需要更换。

图 4.27　方案 2

改造方案 3：在管道中热电偶上风口位置加装挡板，如图 4.28 所示，但在实际使用中，挡板时间不长就被磨损掉。此技改方案增加了安装挡板这一工序，但热电偶的使用寿命并没有显著增加。

图 4.28　方案 3

(3) 技术系统分析

现场改进的第三个方案是在管道中热电偶上风口位置加装挡板，这是一个好的想法，但在实际使用中，挡板不久就被磨损掉。直接在热电偶上进行改进较复杂，因此考虑改进挡板。问题的关键是如何让挡板在起到保护作用的同时延长自身的寿命。

对于该问题，我们先做技术系统分析：

① 技术系统名称（热电偶测量磨煤机管道温度）；
② 技术系统的主要功能（测量温度）；
③ 技术系统存在的问题（热电偶被磨损）产生的原因；
④ 列出技术系统汇总的主要子系统及相应的功能（绘制功能分析图，如图 4.29 所示）。
⑤ 物-场资源分析见表 4.2。

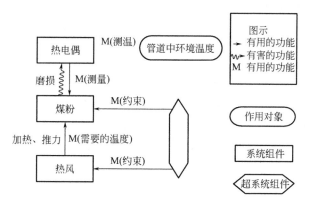

图 4.29 技术系统分析

表 4.2 物-场分析

系统资源		超系统资源	场资源
工具	作用对象		
管道、进热风口、进煤粉口、热电偶、排煤风机、排气口	煤粉、热风	空气、管壁、管道、厂房	机械场 热场 磁场

（4）问题模型及分析

第一步：识别元件。

定义模型中的三个基本元件。本例中 S_1＝煤粉，S_2＝热电偶，F＝机械场。

第二步：构建模型（图 4.30）。

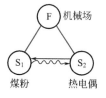

图 4.30 物-场模型

第三步：从 76 个标准解中选择一个最恰当的解。

标准解 1.2.1 为通过引入物质 S_3 来消除有害作用，如图 4.31 所示。对于该问题，就是增加一种物质来保护电偶或挡板，如前面所述在热电偶上增加耐磨材料，这在一定程度上可以提高热电偶的使用寿命，但磨损仍然存在。

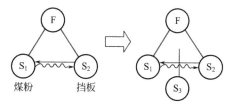

图 4.31 标准解 1.2.1 模型

标准解 1.2.2 为通过引入变形后的物质 S_1 和（或）S_2 来消除有害作用。图 4.32 中的新物质为系统中现有的物质（S_1，S_2，S_1+S_2）或现有物质的变形（变异）[S_1'，S_2'，$(S_1+S_2)'$]

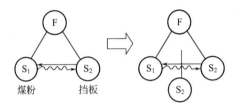

图 4.32　标准解 1.2.2 模型

标准解 1.2.3 为"排除"有害作用。该标准解的模型属于缺失模型，并不适合本问题。

标准解 1.2.4 为利用场 F_2 来抵消有害作用，如图 4.33 所示。该标准解考虑从"机、热、化、电、磁"等场中引入场的作用来解决问题。经过对场进行分析，我们并没有找到合适的场，各种场对本问题的作用原理还有待进一步分析研究。

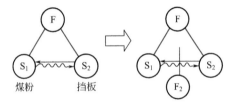

图 4.33　标准解 1.2.4 模型

标准解 1.2.5 为"切断"磁场的影响。该标准解是含有磁场影响的情况，并不适合本问题。

综上，标准解 1.2.2 通过引入物质（煤粉）本身来对问题进行改进是一种比较理想的解决方案，如图 4.34 所示。该方案能够消除磨损，有效地提高挡板的寿命；另外，该方法并不复杂，改进费用也不高，比较容易实现。

图 4.34　改进设计

第四步：进一步发展这个解（新概念），以支持获得的解决方案。

对挡板还可以进一步改进设计，以加强对自身的保护作用。将挡板设计成弧形沟槽，并在沟槽中加粗糙面或隔断，以加强滞料效果，如图 4.35 所示。

改进前挡板　　　　改进后挡板

图 4.35　改进设计

或将挡板设计成斜坡形状，并在斜坡上形成凸起或加上隔板，如图 4.36 所示。

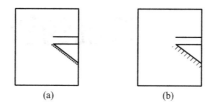

(a)　　　　(b)

图 4.36　改进设计

思考与练习

1. 什么是物-场模型？
2. 构成物-场模型的要素主要包括什么？

第5章 系统的资源分析方法

5.1 概述

设计中的可用系统资源对创新设计起重要的作用,问题的解越接近理想解(IFR),系统资源越重要。任何系统,只要还没得到理想解,就应该具有系统资源。对系统资源进行必要的详细分析、深刻理解对设计人员而言是十分必要的。

系统资源可分为内部资源与外部资源。内部资源是指在冲突发生的时间、区域内存在的资源。外部资源是指在冲突发生的时间、区域外存在的资源。内部资源和外部资源又可分为直接利用资源、导出资源及差动资源三类。

5.2 系统的资源分类

5.2.1 直接利用资源

直接利用资源,指在当前存在状态下可被应用的资源。物质、场(能量)、空间和时间等都是可被多数系统直接应用的资源,如表5.1所示。

表 5.1 直接利用资源

序号	直接利用资源	实例
1	物质资源	木材可用作燃料
2	能量资源	汽车发动机既驱动后轮或前轮,又驱动液压泵,使液压系统工作
3	场资源	地球上的重力场及电磁场
4	信息资源	汽车运行时所排废气中的油或其他颗粒,表明发动机的性能信息
5	空间资源	仓库中多层货架中的高层货架
6	时间资源	双向打印机
7	功能资源	人站在椅子上更换屋顶的灯泡时,椅子的高度是一种辅助功能的利用

5.2.2 导出资源

导出资源，指通过某种变换，使不能利用的资源成为可利用的资源。原材料、废弃物、空气、水等，经过处理或变换都可在设计的产品中被采用，而变成有用的资源。在变成有用资源的过程中，会产生必要的物理状态变化或化学反应，如表5.2所示。

表 5.2 导出资源的种类

序号	导出资源	内涵及实例
1	导出物质资源	物质或原材料经变换或施加作用得到的物质。如毛坯是通过铸造得到的材料，相对于铸造的原材料已是导出资源
2	导出能量资源	通过对直接应用能量资源进行变换，或改变其作用强度、方向及其他特性得到的能量资源。如变压器将高压变为低压，这种低电压的电能成为导出资源
3	导出场资源	通过对直接应用场资源进行变换，或改变其作用的强度、方向及其他特性得到的场资源
4	导出信息资源	通过变换设计不相关的信息，使之与设计相关。如地球表面电磁场的微小变化可用于发现矿藏
5	导出空间资源	由几何形状或效应变化得到的额外空间。双面磁盘比单面磁盘存储信息的容量更大
6	导出时间资源	由加速、减速或中断获得的时间间隔。被压缩的数据可在较短时间内完成传递
7	导出功能资源	经过合理变化后，系统完成辅助功能的能力。锻模经适当修改后，锻件本身可以带有企业商标

5.2.3 差动资源

差动资源，指通常情况下，当物质或场具有不同的特性时，形成的某种技术特征的资源。差动资源一般分为差动物质资源和差动场资源。

(1) 差动物质资源

差动物质资源具有结构各向异性。各向异性，指物质在不同的方向上物理性能不同。这种特性有时是设计中实现某种功能所必需的，如表5.3所示。

表 5.3 差动物质资源的种类

序号	差动物质资源	实例
1	光学特性	金刚石只有沿对称面做出的小平面才能显示出其亮度
2	电特性	石英板只当其晶体沿某一方向被切断时才具有电致伸缩的性能
3	声学特性	零件由于其内部结构不同，表现出不同的声学特性，使超声探伤成为可能
4	力学性能	劈木材时一般是沿最省力的方向劈
5	化学性能	晶体的腐蚀往往在有缺陷的点处首先发生
6	几何性能	只有球形表面符合要求的药丸才能通过药机的分检装置
7	不同的材料特性	不同的材料特性可在设计中用于实现有用功能

例如，合金碎片的混合物可通过逐步加热到不同合金的居里点，然后用磁性分拣的方法进行分离。

(2) 差动场资源

利用场在系统中的不均匀分布，可以在设计中实现某些新的功能。表 5.4 中列举了几个简单的实例。

表 5.4 差动场资源的运用

序号	运用差动场资源	实例
1	梯度的利用	利用烟囱距地球表面一定高度产生的压力差使炉子中的空气流动
2	空气不均匀性的利用	为了改善工作条件,工作地点应处于声场强度低的位置
3	场的值与标准值的偏差	病人的脉搏与正常人不同,医生通过对这种不同的分析为病人看病

在设计中认真分析各种系统资源将有助于开阔设计者的眼界，使其能跳出问题本身，这对设计者解决问题特别重要。

5.3 利用资源

资源就是物质、场（能量），以及存在于系统或系统环境中的其他属性，这些资源对某一个系统的改进会很有用。

物质资源、场资源、空间资源和时间资源对大多数系统而言都是有用资源，如表 5.5 所示。

表 5.5 利用资源的种类

利用资源	内涵	实例
物质资源	物质资源包括组成系统和系统环境的所有资源，那么任何一个没有达到理想化的系统都应该有可用的物质资源	为防止系统零件(如轴承)过热,需把一个含有热电偶的温度控制装置安装在最容易产生热量的地方。通过应用热电偶可以防止过度发热。如果热电偶检测到的温度高于一定的数值,则这些相关部件的相互关系就会被自动切断
导出资源	导出资源是经过某种转化后才可以利用的资源。原材料、产品、废弃物和其他系统元件，包括水、空气等，都是不能以存在状态直接利用的资源，一般都要经过某种变化才能成为可利用资源	为了节约洗涤剂,在清洗之前,餐具常常要浸泡在重碳酸钠溶液里,这样餐具上残余的脂肪就会和重碳酸盐发生反应,生成脂肪酸盐,也就是洗涤剂。这样,就可以最大限度节省洗涤剂
变形态物质	通过改变现存系统的某些元件来寻找克服障碍的方法。通过改变系统中的某一个元件从而获得空间、时间或某种有用的物质，或者通过改变某一个物质消除一种负面效应。比如,可以通过升华、蒸发、烘干、研磨、熔化或者溶解的方法改变物质状态,从而可以使切割过程简单化	投向运动目标的圆盘是用黏土做成的,称为黏土鸽子。当黏土鸽子被用于双向飞碟射击时,地面就落满了黏土碎片。用冰做的圆盘价格便宜一些,而且落到地面的碎片会融化消失。用肥料做的圆盘还可以肥沃土地
时间资源	时间资源包括动作开始的时间间隔、结束后的时间间隔、工艺循环过程的时间间隔，这些时间部分或全部是没用的。有效利用时间资源有以下几种方法：改变物体的预备布置时间；有效利用暂停时间段；使用并行操作；除去无价值的动作	在农业中,每当要开始一行新的犁沟,犁就必须再沿原路返回去,才能保证翻出的土壤倒在犁沟的同一边,但这样既做了无用功又浪费时间。可以用一个有左右刃片的犁解决该问题。在完成每行耕种后,操作者操作控制按钮切换刃片,然后继续工作,而不必沿原路返回

5.4 案例分析

澳大利亚设计师爱德华·李纳克尔设计的空投灌溉系统能从稀薄的空气中提取水。该系统是低成本的自供电装置，可解决干旱地区种植作物难的问题。

李纳克尔从大自然中寻找捕捉空气中水汽的方法。李纳克尔的设计灵感来源于一种其貌不扬的小甲虫。他对纳米布甲虫进行了认真研究，这种"足智多谋"的动物生活在地球最干旱的地方。每年它的栖息地的降雨量仅有半英寸，但这种甲虫利用背部的亲水性皮肤收集早晨的露珠幸存下来（图5.1）。

图5.1 纳米布甲虫

空投灌溉系统采用了相同原理，即使是最干旱的季节，只要空气中包含水分子，就能通过把空气温度降低到冷凝点的方法，提取出水分。该装置把空气输送到一个地下管道网，利用地上和地下的温差把热空气降温到冷凝点，等水分凝结成液体，它会直接把水输送到植物根部。李纳克尔的研究显示，从最干旱的沙漠地区每立方米的空气中能够收集到11.5mL水。空投灌溉系统具有巨大优势。其他从空气里收集水的系统通常需要运转冷凝设备，因此需要大量电能。而空投灌溉系统只是利用地表和凉爽的地下环境之间的温差收集水分（图5.2）。

图5.2 从甲虫获得灵感研制空投灌溉系统

在该案例中，空投灌溉系统利用了外部可利用的物质资源（空气中的水分子）与能量资源（地表和凉爽的地下环境之间的温差），通过变换，使空气中的水分子——一种不能利用的物质资源，成为可利用的水资源，即在资源导出后成为可利用的导出资源。

空气中的水分子经过空投灌溉系统的处理或变换后，在干旱地区变成有用且稀缺的水资源。对系统资源的详细分析与深刻理解，为设计人员提供了解决问题的突破口。

第6章 系统的流分析方法

"流"是系统化分析问题和解决问题的一种方法。流分析方法最早是由 Simon Litvin 和 Alex Lyuboirskiy 共同提出的。在系统的内部与外部，系统组件有时以物质流、能量流和信息流的方式存在，并且在系统中流动。

6.1 流的定义与分类

（1）流的定义

在 TRIZ 中，流的定义为：在一个系统及其环境中运动的物质、能量（场）和信息。系统中流不在局限于"能量传递法则"，而是扩展到了物质和信息。就物质而言，可以是固、粉、液、气、等离子、分子等任何不同的物态，例如车流、粉尘流、水流、气流、粒子流、物流、泥石流、血流、PM2.5霾、流感病毒流等；就能量而言，例如热流、电流、磁流、微波流、电磁波流等；就信息而言，例如互联网上的信息流、数据流等。

流既具有物质的一般属性（占空性、质量等），又具有连续性和运动性。

（2）流的分类

利用流分析方法找到流的最小问题，加强有益流或者消除有害流，这是流分析的核心内容。流分为以下几类（图 6.1）。

有益流——执行有用的功能并达到期望的流。有益流又分为不足流和过度流。

不足流——执行有用的功能，但所达到的水平低于期望值的流，是一种导通性或利用率有缺陷的流。

过度流——执行有用的功能，但所达到的水平高于期望值的流，是一种流量过大或过量的流。

有害流——一个使功能作用对象的参数向坏的方向转换为有害功能的（物质、能量或信息的）流。

浪费流——一种以损失物质、能量或信息为特征的流，浪费了有益流（或其作用）。

中性流——在系统中影响不大或无关的流。

流分析的目的在于提高有用的流和减少有害流或伴随（浪费）流的负面影响。

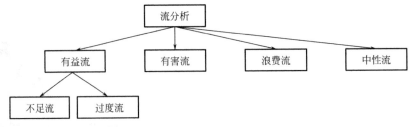

图 6.1　流的分类

6.2　流分析方法

流分析是一种识别技术系统内的物质、能量（场）和信息流动情况的分析方法。对技术系统中的物质流、能量流、信息流进行分析，识别有益流（不足流或过度流）和有害流或伴随的浪费流，针对不同类型的流采用不同的流改进措施完善系统。

6.2.1　提高有用的流

(1) 提高流的传导率

因自身和外界因素的相互影响导致有益流的传导率不高，产生的作用不足。针对流分析中发现的问题给出了具体的、有针对性的改进措施。提高流传导率的14个改进措施参见表6.1。

表6.1　提高流传导率的14个改进措施

序号	具体改进措施	应用示例
1	减少流的转换次数	柴油发电机从化学能转化开始，不断转化为热能、机械能、磁能，最后转化为电能；燃料电池可以从化学能直接转化为电能
2	转换为更有效的流类型	电话电缆调制解调器使用电信号，而光纤调制解调器使用光信号
3	减少流的长度	减少火车车厢的节数
4	消除灰色区域（灰色区域即流在该区域内参数不能被计算或预测）	在教室的死角加上摄像头
5	消除瓶颈（瓶颈即在流通道中显著增加流阻力的位置）	减少在匝道堵塞的车辆
6	利用旁路绕过	绕过村庄修建公路
7	提高流通道各个部分的传导性	流量大的收费站增加收费窗口的数量并提高效率
8	提高流的密度	空的饮料瓶压扁后进行运输
9	将一个流的作用应用到另一个流	电热水器利用自来水管的冷水水压来驱动热水
10	将流的有益作用应用到另一个流的通道	在石油管道中连续加入"PIG"活塞，可以清理管壁
11	安排一个流承载另一个流	超市里的商品销售记录带上的粉红色染料提供流信息，提醒收银员纸快用完了
12	分派多个流用一条通道	一根同轴电缆可以同时提供有线电视、因特网和电话等多种信号需求

续表

序号	具体改进措施	应用示例
13	修改流来提高导通性	北京市采取车辆按尾号限行的规定
14	导引流通过一个超系统通道	迪士尼乐园里员工可以通过地下通道从一个区域走到另一个区域,运送道具、垃圾和食品等

（2）提高流的利用率

因自身和外界因素的相互影响导致有益流的利用率不高,使得作用不足。针对流分析中发现的问题给出了具体的、有针对性的改进措施。提高流利用率的 9 个改进措施参见表 6.2。

表 6.2 提高流利用率的 9 个改进措施

序号	具体改进措施	应用示例
1	消除停滞区域(停滞区即阻断流的区域)	改十字路口为立交桥
2	利用脉冲动作	利用高压水射流破碎混凝土
3	利用共振	振动输送机利用共振频率的振动使颗粒连续流动
4	调节流	塔台指挥飞机的起飞与降落队列
5	重新分配流	物流重新配送;避雷针
6	合并同类流	旅行社拼团;多人划艇
7	利用再循环	将洗澡水循环再利用,经过滤器净化后,将水输送回莲蓬头循环再使用
8	合并两个不同的流以获得协同效应	将洗衣机内的水电离,含 H^+ 的弱酸性水杀菌,含 OH^- 的弱碱性水洗涤
9	预先设置必要的物质、能量或信息	为了防止用药过量,安眠药中加入少量的催吐药

6.2.2 减少有害流或伴随（浪费）流的负面影响

（1）减小有害流或伴随流的传导率

有益流因自身和外界因素的相互影响导致有害流或伴随流产生,针对流分析中发现的问题给出了具体的、有针对性的改进措施,减小有害流或伴随流的传导率。减小有害流或伴随流传导率的 7 个改进措施参见表 6.3。

表 6.3 减少有害流或伴随流传导率的 7 个改进措施

序号	具体改进措施	应用示例
1	增加流的转换次数	使用无线耳机接听手机电话
2	引入停滞区	防毒面具中的过滤元件
3	转换到低传导率的流	飞机上的隐身材料将雷达波转化为热能
4	降低部分通道的传导率	木柄煎锅;在学校门口设置减速带
5	增加流的长度	为了减小爆炸的影响,增加建筑物之间的距离
6	利用再循环	汽车消声器,利用两列声波在两个长度不同的管道交汇叠加时,发生干涉相互抵消声强而起到消声的效果
7	引入瓶颈	在人流密集处设立旋转闸

(2) 减小有害流的影响

有益流因自身和外界因素的相互影响导致有害流或伴随流产生,针对流分析中发现的问题给出了具体的、有针对性的改进措施,减小有害流的影响。减小有害流影响的11个改进措施参见表6.4。

表6.4 减小有害流影响的11个改进措施

序号	具体改进措施	应用示例
1	引入灰色区域	穿迷彩服进行伪装;将放射性废料深埋地下
2	降低流的密度	导弹反激光策略,旋转导弹减少了导弹一定区域的激光照射时间;口罩;空气净化器降低空气中的粉尘数量
3	消除共振	汽车悬架中,减振器与弹簧配合使用,减振器在汽车悬架的弹簧反弹时起到阻尼减振的作用;水泵与管道软连接;机床安装在水泥浇筑的地基上
4	重新分配流	夜晚汽车打开前灯模式,对于其他司机,视野内有少量灯光;将密集过量的人引导至非密集区,以免发生踩踏事故
5	将流与其反向流结合	降噪耳机,检测周围环境,发出相位相反的声波,并在扬声器中播放;冷暖空调;自充气轮胎
6	改进流	暗室内的照明,红光对光敏材料造成的伤害最小;让酸性废气通过碱性废液
7	改进受损的对象	镀铬层抵抗腐蚀盐;焊好滴漏的管道;修补破损道路
8	预设置所需的可用来中和流的物质、能量或数据	洗手间放置除味剂;楼房内预置消防喷头;台北101大楼安装防风避震阻尼器
9	绕过	接地连接,为泄漏电流提供一个安全通道;网络布线时绕过高温区,避免加速电线老化
10	转移流到超系统	外地货车绕城外道路
11	再循环或恢复伴随流	回收运货车遗撒的货物

6.3 流问题的分析步骤

流分析是一种识别技术系统(产品)内外部的物质、能量(场)和信息流动缺陷的分析工具。流分析的目的就是要找出产品中的有益流和有害流,最终识别出产品中的各种有缺陷流,然后对其采取有针对性的改进措施予以消除。

使用流分析方法时,步骤如下:

步骤一,画出问题情境图,以图形化的形式建立一个流模型;

步骤二,在最小问题区域中,用箭头线标出流的具体作用形式,识别出有益流、有害流等;

步骤三,从典型缺陷的列表中识别流的缺陷,从而提高流的传导率和利用率,或者减小有害流或伴随流的传导率和影响;

步骤四,得到流分析的结论,为下一步解决问题做好准备。

流分析方法可以与功能分析、因果分析等结合使用。较为普遍的流问题情境是在流分析图中出现的有益流和有害流共存于某一个相互作用的界面上,那么相互作用的两种物质,必定存在物理矛盾。

6.4 案例分析

6.4.1 案例一

某企业大量生产各种型号的充电电源。完成充电电源的线路板后,采用超声熔接工艺对电源的外壳进行封装。某型号的充电电源,封装前测试,线路板工作良好;但在封装后的测试中检测出5%的产品无电流输出。拆开后,发现贴片电容被击穿了。判定的结果是:超声封装工艺导致了5%的废品率。线路板图见图6.2。

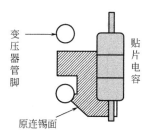

图6.2 线路板图

贴片电容为层级陶瓷工艺,由多层级极薄的陶瓷细片组成。当超声熔接外壳时,超声波会振断电容内的少量陶瓷细片层,从而导致电容性能不稳定,形成了有害流。

问题解决步骤如下。

① 画出问题情境图建立一个流模型。

对案例进行流分析:超声封装工艺中同时存在两类能量流,即有益流与有害流,如图6.3所示。

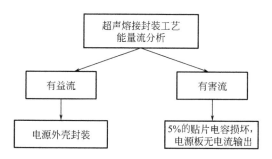

图6.3 线路板流分析结果

在该问题中,熔接工艺所使用的超声波的能量强度应既要足以封装电源外壳(有益流),又要避免将电容内的陶瓷细片层振断(有害流)。

② 在最小问题区域中，用箭头线标出流的具体作用形式，识别出有益流、有害流。

最小问题分析：检查 PCB 部分贴片发现，在电路设计布局中，插脚变压器的两个引脚贴片电容相隔较近，在过锡时，锡将变压器的一个引脚和贴片电容连在一起，形成连锡面。因此，连锡面及附近的区域就是最小问题区域。

最小问题的能量流通道分析：超声波通过最小问题区域连锡面这个"桥梁"通向了贴片电容，如图 6.4 所示。

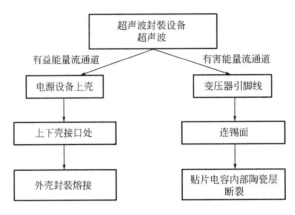

图 6.4 最小问题的能量流通道分析

③ 从典型缺陷的列表中识别流的缺陷，从而提高流的传导率和利用率，或者减小有害流或伴随流的传导率和影响。

对技术系统中存在的有害流，可以根据减小有害流或伴随流传导率的 7 个改进措施设法消除。经过分析对比，该问题可以使用措施 4"降低部分通道的传导率"和措施 7"引入瓶颈"来阻断有害流（超声波）的通道，如表 6.5 所示。

表 6.5 减小有害流或伴随流传导率的 7 个改进措施

序号	具体改进措施	采用与否
1	增加流的转换次数	
2	引入停滞区	
3	转换到低传导率的流	
4	降低部分通道的传导率	采用
5	增加流的长度	
6	利用再循环	
7	引入瓶颈	采用

应用"降低部分通道的传导率"和"引入瓶颈"的改进措施，使之形成一个有害流不易通过的区域，即选择性地导通电流，同时阻断超声波。

④ 确定的改进线路板的具体技术方案如下：在变压器引脚和贴片电容间的缝隙，用专用红胶线笔在线路板上画一条 2mm 宽的红胶线，红胶线处的线路板在过锡时不会连锡，这

样原来较宽的连锡面就变得较窄了。较窄的连锡面可以通过电流，但是超声波的通路较窄，从而形成瓶颈，阻断了绝大部分的超声波通过，如图6.5所示。

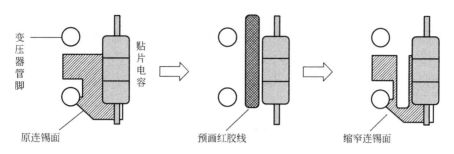

图 6.5 改进线路板的具体技术方案❶的示意图

6.4.2 案例二

问题描述：吸烟上瘾，在医学上，烟瘾的学名是尼古丁上瘾症或尼古丁依赖症，是指长期吸烟的人对烟草中所含主要物质尼古丁产生上瘾的症状。

烟民的烟瘾，主要是尼古丁长期作用的结果。如果吸烟时间过久，血液中的尼古丁达到一定浓度，反复刺激大脑并使各器官产生对尼古丁的依赖性，此时烟瘾就缠身了。

尼古丁进入人体，作用在中脑边缘多巴胺回路，使吸烟者产生愉悦的感受。同时，尼古丁在刺激下视丘神经的同时也会刺激肾上腺素，使人产生意志集中及振奋的感觉。尼古丁会刺激交感神经，借由刺激内脏神经影响副肾髓质，释放肾上腺素。副交感神经节前纤维释放乙酰胆碱，作用在烟碱酸乙酰胆碱接收器上，使之释放肾上腺素和去甲肾上腺素至血液中。

尼古丁会让人的大脑兴奋起来，而大脑兴奋起来后，工作效率当然比平时高得多。但是，尼古丁的半衰期为 2~3h，吸烟成瘾者如果减少吸烟量并停止吸烟，体内尼古丁浓度会迅速降低。当体内尼古丁浓度降低到一定水平时，吸烟者无法继续体验愉悦感，并出现阶段症状和对吸烟的渴求。为了避免这些戒断症状，吸烟成瘾者每隔一小段时间就要吸烟以维持大脑中尼古丁的水平。随着大量的尼古丁在脑中不断积累，大脑产生的兴奋程度逐渐下降，对烟的需求量必将逐渐增加。

问题的分析步骤：

① 画出问题情境图建立一个流模型。对案例进行流分析可得：尼古丁进入人体内最初以物质流的形式在血液中存在，并在人体中流动。尼古丁进入人体后，作用于肾上腺、交感神经节、多巴胺回路及副交感神经节，形成了信息流，使大脑产生兴奋，如图6.6所示。

② 减小有害流影响的措施。对于系统中存在的有害流，可以根据减小有害流影响的11个改进措施设法减少。经过分析对比，该问题可以使用措施2、措施4和措施8，以减少有害流（尼古丁）对人体的影响，如表6.6所示。

---

❶ 该案例为 TRIZ 实战专家李军解决的企业的实际案例。

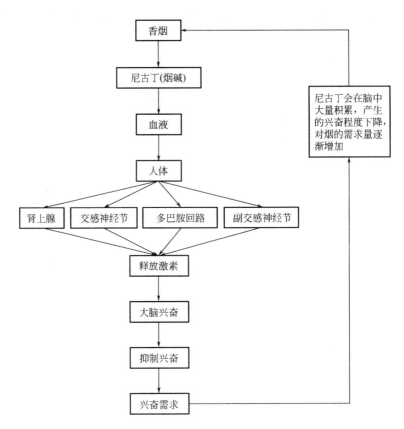

图 6.6 吸烟成瘾的流分析

表 6.6 减小有害流影响的 11 个改进措施

序号	具体改进措施	采用与否
1	引入灰色区域	
2	降低流的密度	采用
3	消除共振	
4	重新分配流	采用
5	将流与其反向流结合	
6	改进流	
7	改进受损的对象	
8	预设置所需的可用来中和流的物质、能量或数据	采用
9	绕过	
10	转移流到超系统	
11	再循环或恢复伴随流	

应用"重新分配流"的改进措施，针对尼古丁在大脑中的作用环路而开发的戒必适里含有一种能部分替代尼古丁的药物。它能与尼古丁乙酰胆碱受体结合但是又不诱发多巴胺释放，所以服用以后，吸烟者吸烟后，尼古丁就没有尼古丁乙酰胆碱受体可以绑定了，这样吸烟就不会带来快感，同时戒断症也大大地缓解了。

第 7 章
因果链分析

因果链分析是现代 TRIZ 中分析问题的另一种重要工具，用于进行更加深入的分析，找到工程系统中潜在的深层原因，寻找初始缺陷与底层缺陷之间的逻辑关系，提供解决问题的突破口。通过解决工程系统中的关键缺陷，消除初始缺陷，进而改进整个工程系统。

7.1 因果链分析

因果链分析是一种分析功能，用于识别技术系统的主要缺陷。通过建立因果链将主要缺陷及其基本原因联系起来。针对某一个初始缺陷，通过多次追问为什么，可以得到一连串的原因，称为因果链。在不断的追问中，发现深层次的原因，直到物理、化学、生物、几何等领域的极限。

利用分析工具，如功能分析、成本分析和流分析，将工程系统中的缺陷识别出来，通常情况下，很多缺陷都会在分析中识别出来，其分析的结果可以作为因果链分析的已知条件。

现代 TRIZ 的一个重要特点是问题的转换，即不急于解决最初发现的初始缺陷。因为很多初始缺陷是由仅仅一小部分的关键缺陷引起的。当关键缺陷解决后，所有后续相关的缺陷也同时被解决了。因果链分析的最终目标在于识别关键缺陷。使用各种问题分析工具找到隐藏于初始缺陷背后的关键缺陷加以解决，然后针对底层关键缺陷采取措施或者预防手段。

7.2 缺陷的分析

因果链是由一系列有着因果关系的缺陷连接而成的链条，某一个缺陷是前面缺陷引发的结果，同时又是引起后面缺陷的原因。图 7.1 为因果链建构图。

图 7.1 中，方框表示缺陷，箭头起点表示起因，箭头的终点指向结果。因果链的建构图中，最上层为初始缺陷，底层为关键缺陷，中间是由分析得到的中间缺陷。

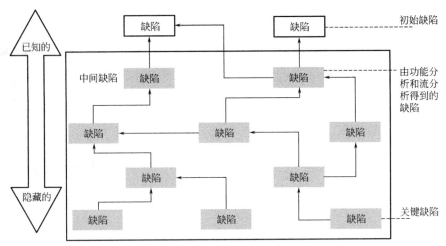

图 7.1　因果链建构图

7.2.1　初始缺陷

项目的目标决定了初始缺陷,即项目目标的反面。例如,目标为降低损耗,那么初始缺陷即损耗过高;如果目标是提高功率,那么初始缺陷即功率过低。

7.2.2　中间缺陷

中间缺陷处于初始缺陷和关键缺陷之间,它既是上层初始缺陷的诱因,又是下层关键缺陷引起的结果。

在寻找中间缺陷时应注意以下问题:

① 明确上下层缺陷之间直接的逻辑关系。在寻找下层缺陷时,需要找直接缺陷,特别是在物理上直接接触的组件所引起的缺陷,而非间接缺陷。如果跳跃过大,可能错过解决关键问题的机会。

② 有时存在多个因素引起某一缺陷,如果同一层级有多个缺陷,可以用 and 或者 or 运算符连接多个缺陷。

and 运算符表示上层缺陷是由下层多个缺陷共同作用引发的结果。缺少任意一个缺陷,上层缺陷都不会发生,这样只需要解决其中的某一个缺陷,上层缺陷就会消失。

例如,声音的传播需要两个条件,即声源与介质,不满足其中一个条件,声音都无法传播,如图 7.2 所示。

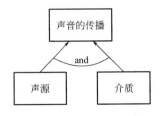

图 7.2　and 运算法则

or 运算符表示下层多个缺陷中的任一缺陷都可能是上层缺陷的起因。因此，必须解决多个缺陷，才能消除上层缺陷。

比如，一个人感到头疼，造成这个问题的下层缺陷有可能是睡眠不足、外界刺激或者饮食习惯，必须所有的下层缺陷都不存在，上层的缺陷（头疼问题）才能够被解决，如图 7.3 所示。

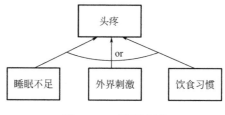

图 7.3　or 运算法则

③ 寻找中间缺陷的方法。

a. 查找在功能分析、成本分析和流分析中发现的缺陷。

b. 运用科学公式，比如，缺陷是摩擦力，摩擦力＝力×摩擦系数，在施加的力和摩擦系数上寻找缺陷。

c. 咨询专家。

d. 查阅文献。

一般说来，中间缺陷可以通过功能分析、流分析等 TRIZ 的问题分析工具得到。而深层次的中间缺陷可以运用科学公式、专家经验以及查阅文献来寻找。

7.2.3　末端缺陷

理论上因果链可以无限分析下去。但是在具体项目中，无限挖掘是不可能的，需要有一个截止点，即末端缺陷。当达到以下情况时，可以结束因果链分析。

① 分析到物理、化学、生物或者几何等极限时；

② 分析到某种自然现象时；

③ 分析到法规或国家行业标准等限制时；

④ 无法找到更进一步的原因时；

⑤ 达到成本的极限时；

⑥ 达到人的本性时；

⑦ 与本项目无关时。

7.2.4　关键缺陷

如果能直接解决最底层的末端缺陷，就可以彻底解决问题，它所引起的中间缺陷与初始缺陷也都会一并解决。但是，末端缺陷有时不容易解决（图 7.4）。因此，可以尝试解决某个中间缺陷，经过认真考虑、选择后，决定进一步解决的缺陷即为关键缺陷（图 7.5）。

一个初始缺陷可能是由多个缺陷引起的。如果用因果链分析得到的中间缺陷和末端缺陷

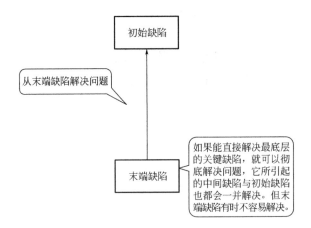

图 7.4　解决问题的思路

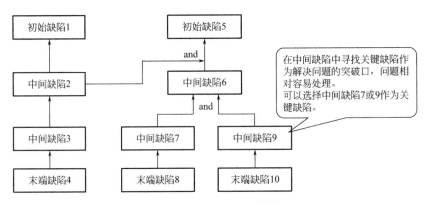

图 7.5　如何选择关键缺陷

有 12 个，确定的关键缺陷可能有 5~6 个。如果识别出的潜在缺陷少，关键缺陷的选择也少，可能会错失很多机会。如果用因果链分析得到的中间缺陷和末端缺陷有 2 个，确定的关键缺陷可能小于 2 个。

从因果链中选择出关键缺陷，需要解决关键缺陷对应的问题，即关键问题。

7.2.5　关键缺陷的解决

通过因果链分析确定潜在的缺陷后，在选择关键缺陷时应确定各个缺陷之间的逻辑关系。

以图 7.6 所示的因果链为例，缺陷 4、8 和 10 为关键缺陷，选择哪一个关键缺陷解决最为恰当呢？如果选择缺陷 8 或 10，只能解决初始缺陷 5，仍需解决关键缺陷 4 才能最终解决初始缺陷 1 和 5。如果选择缺陷 4 开始解决，即解决了中间缺陷 2 和初始缺陷 1。缺陷 2 与 6 为 and 关系，无须解决缺陷 6 的分支，即可解决初始缺陷 5。分析可得，只要解决了缺陷 4，即可最终解决初始缺陷 1 和 5。

如果因果链中得到的缺陷关系为 and，则选择底层的关键缺陷，解决问题更加彻底。如

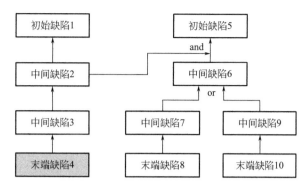

图 7.6 关键缺陷的确定

果因果链中得到的缺陷关系为 or，尽量从上层来解决。因为即便解决了底层的缺陷，也未必能解决初始缺陷。

在因果链分析中可能找到大量的缺陷，而某些缺陷的解决方案是相对明显的。例如，问题是手持咖啡纸杯烫手，经过因果链分析后发现其中的一个原因是纸杯壁薄。如果将纸杯壁薄定为关键缺陷，解决方案将围绕着如何将纸杯壁增厚展开。

如果因果链中确定的关键缺陷所对应的解决方案易确定，且易实施，可确定为最终方案解。但是，有些方案可能会产生新的问题。比如，纸杯壁变厚，隔热效果好，却会引起重量增加且成本升高的问题。因此，就会产生"纸杯壁不能太薄，也不能太厚"的矛盾。可利用之后讲解的 TRIZ 中的问题解决工具（如物理矛盾、技术矛盾、标准解等）来解决此类问题。

7.3 因果链的分析步骤

① 根据项目，找到问题的初始缺陷；
② 寻找中间缺陷，对每一个缺陷逐级找出造成本层缺陷的所有直接原因；
③ 确定相互间的关系，用 and 或 or 运算符连接同一层级的缺陷；
④ 重复步骤②和③，直到找到末端缺陷；
⑤ 检查分析问题时发现的功能缺陷或流缺陷是否都包含在因果链分析中；
⑥ 根据项目的实际情况确定关键缺陷；
⑦ 将关键缺陷转化为关键问题，并寻找可能的解决方案；
⑧ 从各个关键问题出发，发现可能存在的矛盾。

可以利用表 7.1 的模板列出关键缺陷、关键问题、可能的解决方案以及矛盾描述。

表 7.1 关键问题表

序号	关键缺陷	关键问题	可能的解决方案	矛盾描述
1				
2				

续表

序号	关键缺陷	关键问题	可能的解决方案	矛盾描述
3				
4				

7.4 案例分析

7.4.1 案例一

问题描述：下雨的时候，汽车挡风玻璃上会形成雾气，阻挡视线。

问题：挡风玻璃结雾。

问题解决步骤：

① 列出初始缺陷。初始缺陷是"雨天看不清"（图 7.7）。

图 7.7　初始缺陷

② 寻找中间缺陷。导致"雨天看不清"的直接原因是"玻璃上有雾"，并且司机是"透过玻璃观察"的。

③ 缺陷相互关系。"玻璃上有雾"和"透过玻璃观察"都是造成"雨天看不清"的直接原因，两者缺一不可，因此是 and 关系，如图 7.8 所示。

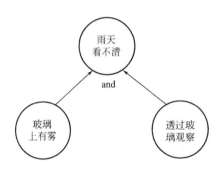

图 7.8　中间缺陷的相互关系

④ 重复步骤②和③，最终可以建立如图 7.9 所示的因果链分析图。

⑤ 由于本例中，不涉及功能分析和流分析，所以本步骤不适用，可跳过。

⑥ 根据项目实际情况确定关键缺陷。可以将"车内温度高于玻璃温度""空气湿度大"及"空气流速慢"等作为关键缺陷，确定相应的关键问题"如何避免车内温度高于玻璃温度""如何降低空气湿度"及"如何控制空气流速"等。

⑦ 将关键缺陷转化为关键问题，并寻找可能的解决方案。对于"如何降低空气湿度"这个问题，可以采取的解决方案是在车内增加空调进行去湿，可以降低空气湿度，防止雾气的形成。

⑧ 从各个关键问题出发挖掘可能存在的矛盾。在本例中，车内温度要低，以防止形成雾气，车内温度又要高，以提高车内舒适度。

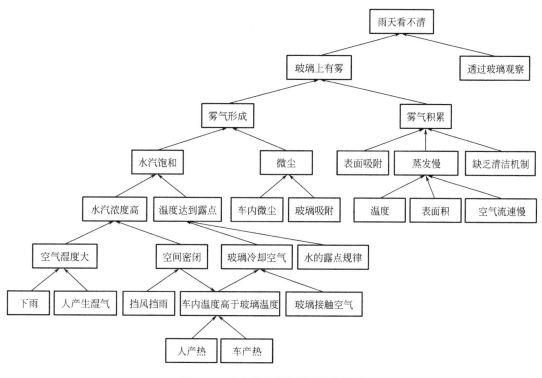

图 7.9　雨天看不清的因果链分析图

7.4.2　案例二

问题描述：炒菜时产生的油烟无法快速排出，不仅非常呛人，而且会让厨房甚至整个家都被弄得黏腻不堪。

问题：家用排油烟机跑烟。

问题解决步骤：

① 列出初始缺陷。初始缺陷是"跑烟"（图 7.10）。

图 7.10　初始缺陷

② 寻找中间缺陷。导致"跑烟"的直接原因是"空气抽吸不够"，并且"空气携带烟不

充分"。

③ 缺陷相互关系。

"空气抽吸不够"和"空气携带烟不充分"都是造成"跑烟"的直接原因,两者缺一不可,因此是 and 关系,如图 7.11 所示。

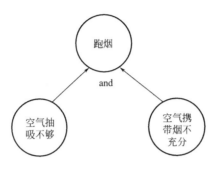

图 7.11 分析第一层的中间缺陷

④ 重复步骤②和③,最终可以建立如图 7.12 所示的因果链分析图。

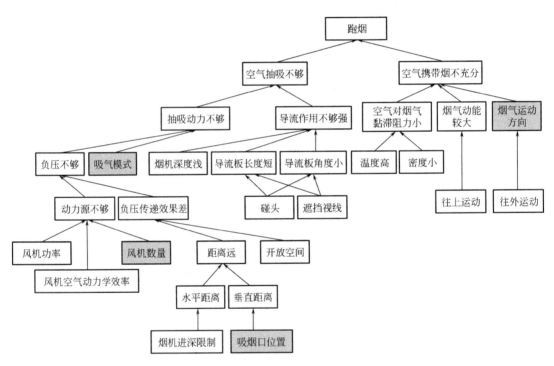

图 7.12 家用跑烟的因果链分析图

⑤ 根据项目实际情况确定关键缺陷。可以将"烟气运动方向""吸气模式""吸烟口位置"及"风机数量"等作为关键缺陷,确定相应的关键问题"如何改变烟气运动方向""如何改变吸气模式""如何改变吸烟口位置"及"如何确定风机数量"等。

⑥ 将关键缺陷转化为关键问题,并寻找可能的解决方案。对于"如果改变吸气模式"这个问题,可以提出颠覆性的假设,如"如果像龙卷风一样吸烟会是怎样的?",进而提出

"龙卷风模式的吸风口模式"的解决方案。针对不同的关键缺陷提出相应的解决方案，见表 7.2。

表 7.2 关键问题表

序号	技术对象	常规做法	颠覆性假设	创意
1	风机数量	一个	如果风机不是一个还可能是怎样的？	一大一小，一个负责吸烟，一个负责防止跑烟
2	风机功能	吸烟	如果不是吸烟的功能还可能是怎样的？	导风板上有小风机吹风改变烟的方向
3	吸烟	开放空间	如果能够定向吸烟会是怎样的？	反向的 Dyson 风扇；定向导风板
4	吸烟口位置	上部	如果不是在上部还可能在哪里？	上下均有吸风口；墙上吸烟口
5	吸烟口位置	位于烟机上	如果吸烟口在导风板上会是怎么样？	带吸烟风道的导风板
6	导风板形状	平板	如果不是平板还能是怎样的？	弧形导风板
7	导风板数量	一个	如果不止一个还是怎样的？	伸缩导风板；上下导风板
8	吸气模式	直吸	如果像龙卷风一样吸烟会是怎样的？	龙卷风模式的吸风口模式
9	空气流向	自然流向	如果有气幕用于导风会是怎样的？	吹气、吸气结合形成空气回路带动吸风

通过因果链分析，找出关键缺陷，进而转化为关键问题。之后，应用 TRIZ 解决问题的工具形成最终的解决方案。

第8章 技术系统进化规律分析

技术预测（Technology Forecasting），指通过分析创新设计中技术自身进化过程的规律与模式，对技术发展方向进行预测。预测未来技术进化的方向，快速开发新一代产品，迎接未来产品竞争的挑战，对任何制造企业竞争力的提高都起着重要的作用。企业在新产品的开发决策过程中，要准确地预测当前产品的技术水平及新一代产品的可能进化方向。

技术预测的研究起始于半个世纪以前，最初应用于军工产品，即对武器及部件的性能进行技术预测，后来也应用于民用产品。在长期的研究过程中，理论界提出了多种技术预测的方法，其中最有效的是 TRIZ 的技术系统进化（Technology System Forecasting）理论。

TRIZ 中的技术系统进化理论是由 Altshuller 等通过对世界专利的分析和研究，发现并确认了技术系统在结构上进化的趋势，即技术系统进化模式，以及技术系统进化路线；同时还发现，在一个工程领域中总结出的进化模式及进化路线可在另一工程领域实现，即技术进化模式与进化路线具有可传递性。该理论不仅能预测技术的发展，而且能展现预测结果实现的产品的可能状态，对产品创新具有指导作用。目前该理论有几种表现形式：技术进化理论（ET）、技术进化引导理论（GET）、直接进化理论（DE）等。因为直接进化理论系统性比较强，所以下面主要介绍该方法。

技术进化的过程不是随机的，历史数据表明，技术的性能参数随时间变化的规律呈 S 曲线，但进化过程是靠设计者推动的，当前的产品如果设计者没有引进新的技术，它将停留在当前的水平上，新技术的引入使其不断沿着某些方向进化。如图 8.1 分别给出了 S 曲线和分

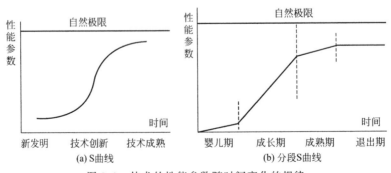

图 8.1 技术的性能参数随时间变化的规律

段 S 曲线，可以看出两个 S 曲线明显趋近于一条直线，该直线是由技术的自然属性决定的性能极限。沿横坐标可以将产品或技术分为新发明、技术创新和技术成熟三个阶段或婴儿期、成长期、成熟期和退出期四个阶段。

在发明阶段，一项新的物理的、化学的、生物的发现，被设计人员转换为产品。不同的设计人员对同一原理的实现是不同的，已设计出的产品还要不断进行完善。因此，随着时间的推移，产品的性能参数会不断增长。

此时，很多企业已经认识到，基于该发现的产品有很好的市场潜力，应该大力开发，因此，将投入很多的人力、物力和财力用于新产品的开发，新产品的性能参数会快速增长，这就是技术创新阶段。

随着产品进入成熟阶段，所推出的新产品性能参数只有少量的增长，继续投入，进一步完善已有技术，其所产生的效益减少，企业应研究新的核心技术以在适当的时间替代已有的核心技术。

对于企业 R&D 决策，具有指导意义的是曲线上的拐点。第一个拐点之后，企业应从原理实现的研究转入商品化开发，否则，就会被适时转入商品化开发的企业甩在后面。当出现第二个拐点后，产品的技术已经进入成熟期，企业因生产该类产品获取了丰厚的利润，同时要继续研究优于该产品核心技术的更高一级的核心技术，以便将来在适当的时机转入下一轮的竞争。

一代产品的发明要依据某一项核心技术，然后经过不断完善使该技术逐渐成熟。在这期间，企业要有大量的投入，但如果技术已经成熟，推进技术更加成熟的投入不会取得明显的收益。此时，企业应转入研究，选择替代技术或新的核心技术。

8.1 技术进化过程实例分析

（1）潜艇实例分析

公元前 332 年，亚历山大大帝命令其部下建造一只防水的桶，然后自己进到桶里，让部下把桶放到海水下面，他记录了所见到的各种动物。亚历山大是早期进行水下探索的人之一。

1624 年，德雷贝尔建造了一个能在水中被驱动的防水舱，他让 12 个人进入船体，并划六支桨来推动这个装置。

1776 年，布什内尔建造了一艘潜水器，用来攻击停在美国纽约港的英国军舰。这是第一艘参加战斗的潜水器。该潜水器像一只大木桶，里面有一张条凳，像自行车脚蹬似的东西驱动船体。该潜水器还配有罗盘、深度尺、驾驶装置、可变压舱、防水船体配件和一只锚。

又经过半个世纪，世界上第一艘核动力潜艇"鹦鹉螺"号诞生了，与柴油机驱动的潜艇不同，该潜艇可在水下连续待几个星期。1954 年，该潜艇在水下穿越了北极。

19 世纪末，现代潜艇之父霍兰主持建造了"霍兰"号潜艇。该潜艇在水下使用电动机，在水面巡航时使用蒸汽机，是第一艘能够下沉、潜行、上浮并发射鱼雷的潜艇。该潜艇没有潜望镜，艇员们要从平板玻璃向外观察。为了监测氧气含量，艇员们常把老鼠装在笼子里带上潜艇，如果老鼠死亡或接近死亡，说明氧气不足了，应赶快返航。1900年，美国海军购买了"霍兰"号潜艇，并且又订购了几艘同样的潜艇。

从产品的观点看，亚历山大大帝桶只是对水下进行了初步探索，其核心技术是构造一个不漏水的水下空间。

1624年的防水舱及1776年的潜水器的核心技术都是通过人工产生的动力驱动，潜水器中的罗盘等是对防水舱的不断改进。

"霍兰"号潜艇的核心技术是采用机械驱动——电动机或蒸汽机驱动，能真正装备海军，因此是现代潜艇。

"鹦鹉螺"号潜艇的核心技术是采用核动力驱动，可在水下待更长的时间。

（2）自行车实例分析

自行车是1817年发明的。称为"木房子"的第一辆自行车由机架及木制的轮子组成，没有手把，骑车人的脚是动力驱动。从工程的观点看，该车不舒适、不能转向等。

1861年，基于"木房子"的新一代自行车设计成功，该车是现在所说的"早期脚踏车"，但"木房子"的缺点依然存在。

1870年，被称为"Ariel"的自行车设计成功，该车前轮安装在一个垂直的轴上，使转向成为可能，但依然不安全、不舒适、驱动困难。

1879年，脚蹬驱动、链轮及链条传动的自行车设计成功，该类车的速度可以达到很高，但该类自行车没有车闸，因此高速骑车时很危险。

1888年，车闸设计成功，前轮直径变大，但零部件材料不过关，影响了自行车的速度。

20世纪，各种新材料用于设计自行车零件。

在自行车进化的过程中，全世界申请了约10000件相关专利。

8.2 技术系统进化规律与模式

8.2.1 技术系统进化模式

历史数据分析表明，技术进化过程有其自身的规律与模式，是可以预测的。与西方传统预测理论不同之处在于，通过对世界专利库的分析，TRIZ研究人员发现并确认了技术从结构上的进化模式与进化路线。这些模式能引导设计人员尽快发现新的核心技术。充分理解以下11条进化模式，将会使今天设计明天的产品变为可能。图8.2所示的是11种技术系统进化模式。

8.2.2 技术系统各进化模式分析

① 进化模式1：技术系统的生命周期为出生、成长、成熟、退出。

这种进化模式是最一般的进化模式，因为这种进化模式从一个宏观层次上描述了所有系

第8章 技术系统进化规律分析

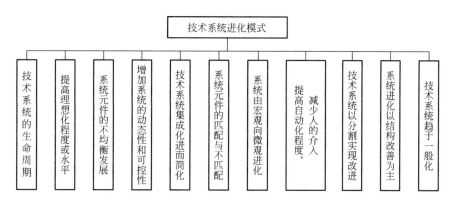

图 8.2 11 种技术系统进化模式

统的进化。其中最常用的是 S 曲线，用来描述系统性能参数随时间变化的规律。对许多应用实例而言，S 曲线都有一个周期性的生命：出生、成长、成熟和退出。考虑原有技术系统与新技术系统的交替，生命周期可用六个阶段描述：孕育期、出生期、幼年期、成长期、成熟期、退出期。所谓孕育期就是以产生一个系统概念为起点，以该概念已经足够成熟（外界条件已经具备）并可以向世人公布为终点的时间段，也就是说系统还没有出现，但是出现的重要条件已经发现。出生期标志着这种系统概念已经有了清晰明确的定义，而且实现了某些功能。如果没有进一步的研究，这种初步的构想就不会有更进一步的发展，不会成为一个"成熟"的技术系统。理论上认为并行设计可以有效地减少发展所需要的时间。最长的时间间隔就是产生系统概念与将系统概念转化为实际工程的时间段。研究组织可以花费 15 年或者 20 年（孕育期）的时间去研究一个系统概念直到真正的发展研究开始。一旦面向发展的研究开始，我们就会用到 S 曲线。

如图 8.3 所示，横坐标表示时间，纵坐标表示速度，给定这些参数后，该曲线就可以用来描述飞机发展进化过程的六个阶段，如表 8.1 所示。

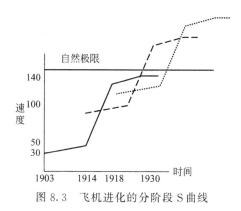

图 8.3 飞机进化的分阶段 S 曲线

表 8.1 进化过程的六个阶段

序号	阶段	内涵	实例
1	孕育期	一个新的系统概念一直处于酝酿阶段，直到这种系统概念可以达到实际可行的水平	几个世纪以来，人们一直致力于设计一个重于空气的飞行器

续表

序号	阶段	内涵	实例
2	出生期	当外界具备两个条件时,以这种新的系统概念为核心的技术系统就会诞生。其中既存在对系统功能的需求,又存在对实现系统功能的相关技术的需求	和人类飞行密切相关的空气动力学和机械结构学直到18世纪后期才逐渐发展起来。Otto Lilientha在1848年发明了滑翔机,Etienne Lenoir在1859年发明了汽油发动机,人们才有了可利用的有关飞行器的相关技术。当滑翔机的"升力"突然消失(即风速下降)时,滑翔机就不安全了,所以莱特兄弟在1903年想出了一种新的办法:把一个独立的动力系统带到飞行器上,这样一项新的技术就诞生了
3	幼年期	每一个崭新的系统都是作为一种高科技创新的成果出现的,但是,这个崭新的系统结构比较简单,系统整体效率比较低,可靠性不高,而且还有很多没有解决的问题。处于这个阶段的系统,发展缓慢。许多设计问题和难题都是必须要解决的	莱特兄弟的第一次飞行时速就达到了48km/h。紧接着飞机的发展就很慢。人力和财力资源仍然很有限,飞机被认为是一种不切实际的好奇的事物。直到1913年,经过10年漫长的发展后,飞机的速度才仅仅达到80km/h
4	成长期	当整个社会意识到该系统的价值时,这一阶段就开始了。在这一阶段,很多问题都已经被解决:系统的工作效率和功能都得到明显的提高和改进,而且产生了一个新的市场。随着系统利润的不断增加,人们就会无意识地在这个新产品或者新工艺方面投入大量的财力和物力,这就加速了系统的发展,改善了系统的工作性能,进而就会再次吸引更多投资。这种良性的反馈式循环一旦建立,将会加速系统的进一步改进	1914年,发生了两件刺激飞机快速发展的重大事件。第一件就是第一次世界大战,由于战争的需要,飞机被认为具有潜在的用途。第二件就是逐渐增长的经济资源和人力资源,使飞机设计成为可能,飞机已经不再只是昂贵的玩具。在更好的经济资源的帮助下,1914年到1918年短短四年时间,飞机的速度竟从80km/h增长到160km/h,几乎增长了一倍
5	成熟期	当最初的系统构想已经达到自然极限时,系统的改进就变得很慢了,即使投入更多的财力和人力,得到的改进仍旧很少,因为标准的概念、形状、材料已经确定。通过系统最优化和折衷可以实现一些小的改进	飞机的发展速度几乎保持在一个水平状态
6	退出期	技术系统已经达到其自然极限,没有什么改进的必要了。系统已经不再需要,因为系统所提供的功能已经易于实现。结束这种下滑现象的唯一办法是发展一种新的系统概念,有可能是一种新的技术	下一代飞机(用新的S曲线描述)是以空气动力学开始,有金属框架的单翼飞机。当然这种飞机也有其功能极限。第三条S曲线是以喷气式飞机开始的。对在世界经济激烈竞争中幸存的企业而言,新的设计思想,新的S曲线是很重要的

② 进化模式2:提高理想化程度或水平。

理想化,是把所研究的对象理想化,是一种最基本的自然科学方法。理想化,指对客观世界中所存在物质的一种抽象化,这种抽象的客观世界既不存在,又不能通过试验证明。理想化的物体是真实物体存在的一种极限状态,对某些研究有很重要的作用。

在TRIZ中,理想化的应用包括理想系统、理想过程、理想物质、理想资源和理想机器等。理想化的描述如表8.2所示。

表 8.2 理想化的描述

序号	理想化描述	内涵
1	理想机器	没有质量,没有体积,但能完成所需要的工作
2	理想方法	不消耗能量和时间,但通过自身调节,能够获得所需的效应
3	理想过程	只有过程的结果,而无过程本身,突然就获得了结果
4	理想物质	没有物质,功能得以实现

技术系统是功能的实现,同一功能存在多种技术实现形式,任何系统在完成所需的功能时,会产生有害功能。为了对正反两方面作用进行评价,采用如下的公式:

理想化=有用功能之和/(有害功能之和+成本)

理想化与有用功能成正比,与有害功能成反比。经常用效益代替有用功能之和,把有害功能分解为代价和危害。代价包括所有形式的浪费、污染,系统所占用的时间、所发出的噪声、所消耗的能量等。因此,系统理想化与其效益之和成正比,与所有代价及所有危害之和成反比。当改变系统结构时,如果公式中的分子相对增加,分母相对减小,系统的理想化将增加,产品的竞争能力将提高。

增加理想化有以下四种方法,如表 8.3 所示。

表 8.3 增加理想化的方法

序号	增加理想化	内涵
1	分子增加的速度高于分母增加的速度	即有用功能和有害功能都增加,而有用功能增加得快一些
2	分子增加,分母减少	即有用功能增加,有害功能减少
3	分子不变,分母减少	即有用功能不变,有害功能减少
4	分子增加,分母不变	即有用功能增加,有害功能不变

现实设计和理想设计之间的差距理论上应该可以减少到零。理想系统可以实现人们理想中的某种功能,而实际上该系统并不存在。所以,这个理想的模型理所应当成为人们追求的目标。理想设计否定了很多传统认为最有效的系统。

一个主要的、有用的功能,可以用一个并不存在的系统来实现,这种思维方式可以使创新设计在短时间内完成。

设计在月球车上使用的探照灯的人员遇到一个棘手的问题,他们想为灯找一个灯罩,这样可以防止灯丝被冲击和被氧化。通过采用其他特殊装置才最终解决了这个问题。然而,当一位科学家看到这个设计时,他感到很惊讶。因为在月球上根本没有什么氧气。月球的真空性就是一种最有效的资源,它可以消除灯罩的必要性。从而可见,这种功能的实现并不需要一定的系统。

理想设计可以使设计者的思维跳出问题的传统解决方法,在更广泛的空间里寻找最优方案。

理想的容器就是没有体积的容器。例如,在实验过程中,需要将待试验物放入一个盛满酸的容器里。到预定的时间后,打开容器,酸对试验物的作用可以被测量出来。酸会腐蚀容器壁,容器壁上应该涂一层玻璃或者一些其他的抗酸材料。但是,这样的设计将使试验费用猛增。理想设计是将待试验物暴露在酸中,而不需要容器。转化后的问题就是找到一种方法可以使酸和待试验物接触，而不需要容器。一切可利用的资源就是待试验物，如空气、重力、支持力等。解决方案是显而易见的。可以将容器设计在待试验物上，这样就不用顾虑酸腐蚀容器壁这个问题。这里的容器就是一种理想设计（图 8.4）。

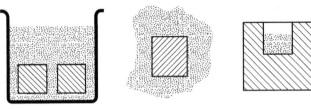

图 8.4　理想的容器

在去金星的太空方案确定以后，一位很有影响力的科学家想把自己质量为 10kg 的试验装备放置在太空船中。但是，他却被告知已经太晚了，因为太空船所承受的 1g 质量都已计算安排好了。经过研究和分析，这位科学家发现太空船上的压舱物质量为 16kg，而压舱物只起到配重的作用，随后这位科学家用他的试验设备替换了质量为 10kg 的压舱物，达到了预期的要求。压舱物是一种未被利用的资源。通过上述的替换方式，使问题得到了圆满的解决。该方案既没有改变原计划，又满足了科学家的要求。

提高理想化程度有八种方法。手机充电是一件现代人尤为关注的问题，充电器、充电线、充电宝都是现代人出门的必备品。在家里，越来越多的电器占据电源，充电器和充电线也会困扰人们的生活，使桌面变得混乱，影响桌面的整洁，甚至降低使用者的工作效率。另外，手机充电线头的插入与拔出的动作也会对接头产生磨损。所以，产品开发人员一直致力于研究更加合理、更加"理想"的充电方式。

苹果近日明确在官网上发布，正在招聘无线充电领域的设计工程师。看来，新一代 iPhone 支持无线充电指日可待。无独有偶，全球家居领导品牌 IKEA 也推出了可以和无线充电板配套使用的 HOMESMART 系列家具，如台灯、桌子、床头柜等。人们以后在选购手机时，无线充电不会再被视为可有可无的功能了。HOMESMART 有两种类型，一种是内嵌式的台灯，平台上有个十字形感应区，只要把支持无线充电技术的手机放上去就会自动充电，相当方便；另一种则是无线充电板，可单独使用，也可塞进特别设计的家具中使用（如图 8.5）。

图 8.5　无线充电台灯

有效地增加系统的理想化程度或水平的方法，建议采用以下几种（如图8.6）。

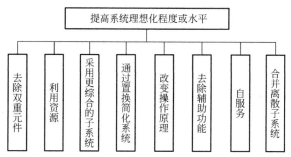

图 8.6　增加系统理想化程度或水平的八种方法

以其中几个常用的方法为例，进行进一步的解释。

a. 利用资源。

资源就是物质、场（能量）、场特性、功能特性和存在于系统或系统环境中的其他属性，这些资源对某一个系统的改进很有用。

物质资源、场资源、空间资源和时间资源对大多数系统而言都是有用资源，具体见表5.5。

b. 去除辅助功能。

辅助功能支持或辅助主要功能的实现。很多时候辅助功能（以及和这些辅助功能相关的元件/部件）可以被去除，同时又不影响主要功能的实现。为了去除辅助功能，有以下几种建议，如表8.4所示。

表 8.4　去除辅助功能的方法

功能	内涵	实例
去除校正功能	考虑系统的校正功能(操作)，这些功能唯一的目的就是克服一些系统固有的缺陷(有害动作)。考虑系统可否在没有消除缺陷的情况下实现满意操作	传统金属颜料在使用过程中，有可能从溶剂里释放出一种有害物质。静电场可以用来将粉末状的金属染料涂在物体表面，达到一定烘干温度后金属粉末就会熔化，在物体表面形成均匀的颜料涂层，整个过程没有用到具有有害性的溶解剂
去除预备操作（功能）	考虑系统的每个预备操作(功能)的必要性。在没有任何预备操作的情况下，系统的原始功能是否还能实现	金属元件表面加工的喷丸硬化法是用高速冰球束(附有冰层的钢球)直接冲击刚体表面。为了得到持续的冰球束，将事先制成的钢球射入具有一定低温(零度以下)的容器中，从容器外喷入的水滴迅速包围在钢球外面，形成附有冰层的钢球——冰球束，这样就使冰球束在喷丸过程中既具有一定的强度又可以用冰冷却被处理材料的表面
去除防护功能	考虑系统的防护功能(操作)。有没有办法消除有害动作，减少或消除有害功能造成的损失	执行月球计划时需要一个电灯，但是电灯的玻璃外壳很难承受在月球上受到的各种外力的作用，总是破碎。最后的决定方案是使用裸露的电灯丝。因为月球上没有空气，不用担心灯丝会被氧化
去除外壳功能	系统元件常常安装在一个外壳里。考虑系统是否需要这个外壳	自动步枪每发射一枚子弹，就会从枪膛里出来一颗铜质空弹壳，非常浪费。德国最近生产的C114.7型的自动步枪使用的就是无壳子弹

c. 自服务。

测试系统的自服务。为了达到这个目的,考虑以牺牲主要操作而实现辅助操作,或者同时实现主要操作。可将辅助功能的实现转移到主要元件上。

例如,在涂抹黄油的时候,首先要撕开黄油的包装,进而用其他餐具,如餐刀来涂抹黄油。这个过程需要两步操作,并且很有可能在撕开包装的时候,使用者手边没有合适的餐具,特别是在野外野餐,或者是赶着吃完早餐去上班的时候。

"BUTTER! BETTER!"(图 8.7)是一个包装构思,将黄油盒的密封盖做成了一把刀的模样。一次性的包装设计使用户即便无法安坐在桌前悠闲地享用早餐,也可以在匆忙的路程中借由"BUTTER! BETTER!"来完成。刀尖的部分可以完全彻底地触到每个角落的黄油并搅动它。同时,也省却了必须要使用其他餐具辅助来涂抹黄油的麻烦。

实现理想化的步骤如表 8.5 所示。

表 8.5 实现理想化的步骤

序号	步骤	内容
1	描述需要改进的系统性能	熔炉里的温度很高,为了防止炉壁温度过高,需要用水来降温。降温系统需要的水是用管子抽出来的。如果管子出现裂缝,水就会漏出来,这样就可能使熔炉发生爆炸
2	描述理想的性能	当出现裂缝时,水要保持在管子里。描述得更准确一些就是,水不能离开管子
3	能想出怎样的方法实现理想性能	换句话说,就是有没有一个现成的方法来实现这种功能 如果回答是肯定的,就是说你已经有了新的方法,不过,务必要证明一下 如果回答是否定的,那么,应该考虑一下怎么更有效地利用资源 如果回答是肯定的,但是这种方法还有一些其他的冲突和矛盾,那么应该去解决该矛盾 如果有一个障碍物阻止理想实现,那么描述该物体并搞清楚为什么它是一种障碍 "管子里的压力大于管外的压力"
4	做出什么样的改动才能克服这个障碍	管子里的压力应该比管外压力小。因此,应该有一个真空抽水泵 这样,这个问题就得到了最终地解决

图 8.7 带刀的黄油盒

③ 进化模式3：系统元件的不均衡发展。

系统的每个组成元件和每个子系统都有自身的S曲线。不同的系统元件/子系统一般是沿着自身的进化模式来演变的。同样地，不同的系统元件达到自身固有的自然极限所需的次数是不同的。首先达到自然极限的元件就"抑制"了整个系统的发展。它将成为设计中最薄弱的环节。不发达的部件也是设计中最薄弱的环节之一。在这些处于薄弱环节的元件得到改进之前，整个系统的发展将会受到限制。技术系统进化中常见的错误是非薄弱环节引起了设计人员的特别关注。如在飞机的发展过程中，由于心理上的惯性作用，人们总是把注意力集中在发动机的改进上，总是试图开发出更好的发动机，但对飞机影响最大的是空气动力学系统，因此设计人员在发动机上的努力对提高飞机性能影响不大。

④ 进化模式4：增加系统的动态性和可控性。

在系统的进化过程中，技术系统总是通过增加动态性和可控性而得到不断的进化。也就是说，系统会增加本身灵活性和可变性以适应不断变化的环境和满足多重需求。

增加系统的动态性和可控性最困难的是如何找到问题的突破口。在最初的链条驱动自行车（单速）上，链条从脚蹬链轮传到后面的飞轮。链轮传动比的增加表明自行车进化路线是从静态到动态的，从固定到流动的或者从自由度为零到自由度无限大的。如果能正确理解目前产品在进化路线上所处位置，那么顺应顾客的需要，沿着进化路线进一步发展，就可以指引未来的发展。因此，通过调整后面链轮的内部传动比就可以实现自行车的三级变速。五级变速自行车前边有1个齿轮，后边有5个嵌套式齿轮。一个脱轨器可以实现后边5个齿轮之间相互位置的变换。可以预测，脱轨器也可以安装在前轮。更多的齿轮安装在前轮和后轮，比如，前轮有3个齿轮，后轮有6个齿轮，这就初步建立了18级变速自行车的大体框架。很明显，以后的自行车将会实现齿轮之间的自动切换，而且能实现更多的传动比。理想的设计是实现无穷传动比，可以连续地变换，以适应任何一种地形。

这个设计过程开始是一个静态系统，逐渐向一个机械层次上的柔性系统进化，最终是一个微观层次上的柔性系统。

a.增加系统的动态性。

如何增加系统的动态性？如何增加系统本身灵活性和可变性以适应不断变化的环境，满足多重需求？以下有5种建议，可以帮助我们快速有效地增加系统的动态性（图8.8）。

以"将固定状态变为可动状态"为例。为了增加系统的动态性，应该尽力将系统的固定元件更换为可动元件。

例如，现在的海鱼养殖技术，一般都是在海边圈起一块区域，进行海鱼的养殖。但是，这种人工养殖的海鱼与天然的海鱼无论在肉质还是风味上都有很大的差别。如果这种养殖技术能实现人工养殖的海鱼像天然海鱼一样自由地享受海洋的资源呢，是不是能提升人工养殖海鱼的风味和营养情况？

"海洋之球"由铝和凯夫拉尔纤维制成，直径为162英尺（约合49米），可解开系绳并释放到海底。"海洋之球"（图8.9）安装的一个系统能够将海洋热能转化成电能，帮助其实

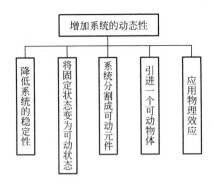

图 8.8　增加系统动态性的 5 种方法

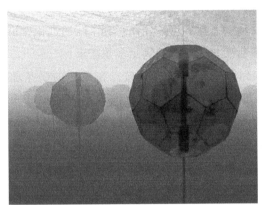

图 8.9　可在水中自由移动的未来海洋渔场

现自行发电。投入使用之后,"海洋之球"将成为自给自足程度更高的养鱼笼。自给自足是实现遥远开放海域养殖业的一个关键要素。据制造商夏威夷海洋技术公司透露,可以在不到 0.5 平方英里(约合 1.25 平方千米)的区域内安放 12 个"海洋之球",其海产品设计总产量可达到 2.4 万吨。"海洋之球"在设计上能够经受住世界上一些最恶劣的海洋环境考验。图中的"海洋之球"被系在一艘控制船上,船上工作人员利用软管为笼内鱼群提供食物。专家们表示,在未来,可自行发电的养鱼场将在开放性海域自由漂泊。它们利用模拟野生鱼群移动的水流前进,可饲养数量更多同时健康程度更高的鱼群。

再以"系统分割成可动元件"为例,将系统分割成相互可动的零部件,这样就可以增加系统的自由度。

通常我们居住的摩天大楼,由于成本和建筑水平限制等原因,只能够看到一角天空和一处风景,能否通过分割的方法,实现居住视角的变化呢?

例如,在迪拜这个技术革新和可持续发展实验"重地",经常能发现一些非常有趣的事情,风能利用自然也不例外。在设计上,这个外表漂亮但又有些怪异的塔状建筑的楼层可自行随风改变形状,可谓是建筑家族中的变形金刚。在风的作用下,建筑内部视野始终处于旋转状态;从外部看,整座建筑的外表经常上演变形奇观(图 8.10)。

图 8.10 可旋转风能摩天大楼

b. 增加系统的可控性。

以下介绍的方法可以更有效地增加系统的可控性（图 8.11）：

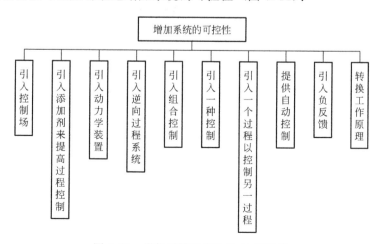

图 8.11 增加系统可控性的 10 种途径

以其中较为实用的几种途径为例。首先是"引入动力学装置",可以通过引入有动态特性的装置来更有效地控制系统。

例如,和往常的灯具相比,这是一款不安分的壁灯(图 8.12)。不管是捶、搓、扯、掐,越是用力折腾它的表面,它就越亮。这或许是一个拿来发泄情绪的好方法。

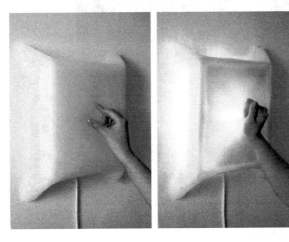

图 8.12　喜欢被折腾的灯

其次是"引入逆向过程系统",可以使用一个控制良好的逆向过程来控制整个工作过程。

例如,有的人有时候看着表盘的指针还真一下子读不出时间来。现在有一款用文字来表达的时钟 QlockTwo(图 8.13),可以用德语、西班牙语、意大利语、荷兰语和法语来阐述当前的时间。它会告诉你"这是九点钟"或是"现在是五点过两分",是不是一目了然呢?文字每五分钟更新一次,而其中的四分钟则由时钟四个角落的小白点来表示。目前还没有中文的版本。

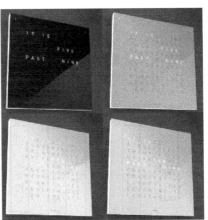

图 8.13　最一目了然的时钟——QlockTwo

最后是"引入负反馈",通过反馈可能获得自控。

例如,过去 30 年,用于把药物和液体滴入病人身体的静脉导管设计一直没有多大变化。

拜尔森发现，40%的医务人员第一次进行静脉注射时都会失败。将针刺入皮肤，盲目地向前推进，常会令静脉阻塞，影响长达数周。病人瘀伤，医生精疲力竭，医院每周还得耗费数千美元支付多余的针头和劳动。人们曾试图将超声技术或红外线应用于静脉导管，但两者都十分昂贵，需要专门培训。相比之下，拜尔森发明的 Vascular Pathways 十分实用（图 8.14）。不管采用什么针头，使用 Vascular Pathways 的医务人员只要一看到有血通过针管回流，就知道已经找到了静脉，然后就可以推动一个滑杆，将一条导引线从针内安全推出。在导管顺着导引线接近来之前，导引线卷成一个圆圆的花形，以防导管尖端伤到静脉壁。最后，针和导引线抽走，留下导管就位。

图 8.14　更好的静脉导管（Vascular Pathways）

⑤ 进化模式 5：技术系统集成化进而简化。

技术系统总是首先趋向于结构复杂化（增加系统元件的数量，提高系统功能），然后逐渐精简（可以用一个结构稍微简单的系统实现同样的功能或者实现更好的功能）。把一个系统转换为双系统或多系统就可以实现这些功能。

例如，双体船；组合音响将 AM/FM 收音机、磁带机、VCD 机和喇叭集成为一个多系统，用户可以根据需要来选择功能。

如果设计人员能熟练掌握如何建立双系统、多系统，将会实现很多创新性的设计。

a. 建立一个双系统。

怎样才能快速建立一个双系统，建议有以下几种方法（图 8.15）。

以其中常用的方法为例进行介绍。首先，"建立一个相似双系统"，将两个相似的系统（或两个物体，两种过程）组合成一种新的系统。组合成的新系统能实现一种新的功能。

例如，人们一般把由两个单船体横向固联在一起而构成的船称为双体船（图 8.16）。双体船结构方面具有以下特点：一是具有两个相互平行的船体，其上部用强力构架联成一个整体；二是两船体各设有主机和推进器，航行时同时运转。高速双体船之所以受到美军青睐，在于其拥有四大超级性能。一是速度快。该双体船依据流体动力学原理设计，最大特点是有超常的高速度，最高航速约 50 节（kn，1kn=1.852km/h），能以现有后勤支援舰 4 倍的速度将部队送进战区。二是多功能。高速双体船是现代海军武器史上用途最多的船只，可作为特种部队的海上基地和运输工具、水雷战舰、水下扫雷艇的母船、反潜战舰、将伤员运往医

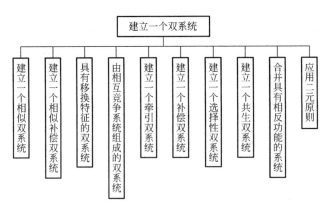

图 8.15 建立一个双系统

图 8.16 美国双体船概念设计

疗船的急救转运站,还可用于海上缉毒、打击海盗、搜寻回收阶段落水的航天吊舱等。三是超大的运输能力。高速双体船载重量达到 700t,几乎相当于自身重量,美国最大的 C-5 "银河"运输机一次也不过运载两辆 M1 坦克,而一艘约 100m 长的高速双体船却可运输 10 余辆。HSV-X1 一次能够运送 360 名官兵和重达 800t 的各种车辆和装备,此外还能搭载 1 架直升机。HSV-X2 最引人瞩目之处就是其能搭载 2 架直升机的飞行甲板,可停 MH-60S、CH-46 "海王"、UH-1 和 AH-1 "眼镜蛇"等各种武装直升机,因此被很多军事专家称作"迷你航母"。四是吃水浅。目前用于货物运输的滚装船或两栖运输舰的吃水深度至少要 6m,而这种高速双体船的吃水深度只有 3m 多,对港口规模的要求显著降低,从而使美军在全世界能利用的港口数量增加 5 倍。

其次,"建立一个共生双系统",找一个能为目前系统提供资源(比如信息、能量、物质、空间)的第二系统,将两个系统组合成一个新系统,这样会使系统的主要功能和辅助功能操作简单化。

例如,这张由 pearsonlloyd 设计的现代化办公桌椅 SixE(图 8.17),也就是一张凳子的大小,却能提供几乎完美的办公环境,不管是手机、平板电脑还是笔记本,都能找到自己的位置,即便没有通常的办公桌,也能舒服地办公。SixE 的设计结合了时下办公用具的更新,考虑周到:台面配有文件、笔记本和其他电子设备的储物间,而桌面上的缝,可以让平板电脑和手机随心插，横竖都行；桌下那个可以旋转的圆环可以放水杯；椅背处设有挂钩，用来挂包。当不想看到恼人的工作时，即可将桌子旋转到椅背后面。

图 8.17　现代化办公桌椅 SixE

又例如，从印第安人易于携带的圆锥帐篷 Tipi 中获得灵感，设计团队 JOYNOUT 创建了同名的 Tipi 模块化收纳系统（图 8.18）。锥形结构允许收纳架简单地组合，这一设计充分吸收了游牧人帐篷的要素"易用性"，让使用者可以轻松地将其转移、变化、拆卸和重组。而根据个人所需，它同时拥有开放式衣柜、书柜、杂物架、花盆架甚至是写字台的功能。

图 8.18　Tipi 模块化收纳系统

最后，"合并具有相反功能的系统"，把两个具有相反功能的系统组合起来，这样新系统实现的功能就能得到更准确控制。

例如，据国外媒体报道，在马戏团和太空探索计划采用的一些技术的帮助下，越来越多的健身爱好者开始体验所谓的反重力健身，让这种健身方式成为一种新时尚。反重力健身能够减轻关节承受的重量，允许肥胖人群在无须面临较高受伤风险的情况下进行健身，燃烧身体的脂肪。美国连锁健身俱乐部 Equinox 曼哈顿分店经理史蒂芬·科索拉克为健身迷准备了一种名为"Alter-G"的反重力跑步机（图8.19）。目前，包括马拉松运动员和病态肥胖在内的很多客人都体验过这种另类跑步机。它采用了美国宇航局研发的技术，利用气压平缓地举起使用者。借助反重力跑步机，马拉松运动员可以训练速度和耐力，同时减少受伤风险；老年人可以在减轻关节承受压力的情况下进行健身；肥胖人群也可以更轻松地减轻体重。

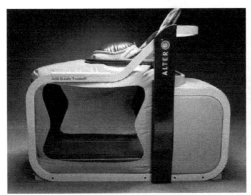 

图 8.19　反重力跑步机

b. 建立一个多系统。

建立一个多系统和建立一个双系统一样重要，而且，在很多情况下，建立一个多系统可以更好地实现系统的功能。设计人员不仅要能有效地建立一个双系统，更要掌握如何建立一个多系统，图 8.20 描述了建立一个多系统的方法。

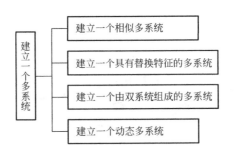

图 8.20　建立一个多系统的方法

a) 建立一个相似多系统。

将几个（超过两个）相似物体或过程组合成一个新系统。这种新的多系统可能会使原始物体或过程所具有的功能更强，也可能产生一种新的功能（可能与原始功能相反）。

例如，就单个帐篷而言，这个设计其实和普通的帐篷没有太大的区别，除了一点，每个 Pod Tents 都带有 3 个"接口"，通过这些"接口"，帐篷之间可以连接起来，变成一大片星形结构帐篷区，而且帐篷之间还有单独的、可以封闭的"连接走廊"，两个"接口"通过拉链连接在一起，就变成了"走廊"，而这"走廊"的两端，就是各自帐篷的拉链门，随时可以拉上，以获得相对的私密性。单个的 Pod Tents（图 8.21）有若干种大小，最大的可容纳 8 人，最小的可容纳 4 人，所以特别适合多人用，将之连成片区之后，可以做到功能分区，一些帐篷用来住人，另外一些帐篷可以用来堆物，而且可以在帐篷内做到互通，相当高大上。

图 8.21　模块化多功能空间站帐篷 Pod Tents

b）建立一个具有替换特征的多系统。

将几个（至少两个）具有相似特征的不同系统组合成一个系统。在这个多系统里，一个子系统总是补充或延伸另一个子系统的功能。

例如，来自设计师 Daishao Yun 等人的创意，为分享而生的耳机插头（Easy Share）。每一个插头都自带一个耳机插孔，于是，如果所有的插头都是如此结构，那么一个音源，比如说一个手机，其音乐将可以无限地分享下去（图 8.22）。

图 8.22　为分享而生的耳机插头

c）建立一个由双系统组成的多系统。

将两个或多个双系统组合成一个多系统，其中每个双系统都是由两个相似系统（或具有不同特性的系统，相互竞争的系统，可选择的系统等）组成的。

例如，在直径为 50～100μm 的电线上涂上一层玻璃后就得到了所谓的微丝。如果将成千上万的这种微丝段捆扎在一起，就可以形成一个具有高电压的电容器。问题是只有将细小的微丝头连接起来才能成为一个电容器。

为了实现这个目标，可以将很长的铜微丝和很长的镍微丝一起缠绕在短且粗的线轴上。将缠好的线切断，这样就露出了金属丝端部的切面。一端浸入一种可以溶解铜但不能溶解镍的反应物里，把剩余的镍丝头焊接在一起形成了一个电容器。然后将另一端浸入一种可以溶解镍但不能溶解铜的反应物里，把剩余的铜丝焊接起来，这样一个电容器就制成了。

d）建立一个动态多系统。

一个动态多系统是由相互独立的分散物体组成的。

例如美国波音公司的一个新科技，世界上最轻的金属（图 8.23），把它放在手上，吹口气就能让它飞起来，但是如果用它包裹鸡蛋，却能让鸡蛋从 25 楼摔下而不破。当然，与其说它是最轻的金属，不如说它是最轻的金属结构。研究人员把这种金属结构称为微晶格金属，是一种三维开放蜂窝聚合物结构，这个结构中 99.99% 都是空气，就像骨头，表面是坚硬的结构，但如果把骨头从中间切开，就会发现中间其实是空的，金属内部是一些蜂窝状的结构。波音的这个金属也是这样，只是尺寸要微小得多，每一根这样的骨头，其管状壁的厚度只有 100nm，约是人类头发粗细的 1/1000。这样的结构带来两个好处：首先就是轻，从图 8.23 可以看到，它甚至能飘在蒲公英上面；其次就是可压缩性，该金属看上去就像是一个弹簧床垫，可以压扁，然后一松手就又能恢复原状，所以用它来包裹鸡蛋，能让鸡蛋从 25 楼摔下而不破。

图 8.23 世界上最轻的金属

⑥ 进化模式 6：系统元件匹配和不匹配。

这种进化模式可以称为行军冲突。通过应用时间分离原理就可以解决这种冲突。在行军过程中，一致和谐的步伐会产生强烈的振动效应。不幸的是，这种强烈的振动效应会毁坏一座桥。因此，当通过一座桥时，一般的做法是让每个人都以自己正常的脚步和速度前进，这样就可以避免产生共振。

有时候制造一个不对称的系统会提高系统的功能。

具有 6 个切削刃的切削工具，如果其切削刃角度并不是精确的 60°，比如分别是 60.5°、

59°、61°、62°、58°、59.5°，那么这样的一种切削工具将会更有效。因为这样就会产生 6 种不同的频率，避免加强振动。

在这种进化模式中，为了改善系统功能，消除系统负面效应，系统元件可以匹配，也可以不匹配。一个典型的进化序列（如表 8.6）可以用来阐明汽车悬架系统的发展。

表 8.6 汽车悬架进化序列

序号	进化序列	实例
1	不匹配元件	拖拉机的车轮在前边，履带在后边
2	匹配元件	一辆车上安装四个相同的车轮
3	匹配不当元件	赛车前边的轮子小，后边的轮子大
4	动态的匹配和不匹配	豪华轿车的两个前轮可以灵活转动

例如早期的轿车采用板簧吸收振动，这种结构是从当时的马车上借用的。随着轿车的进化，板簧和轿车的其他元件已经不匹配，后来就研制出了轿车的专用减振器。

⑦ 进化模式 7：系统由宏观向微观进化。

技术系统总是趋向于从宏观系统向微观系统进化。在这个演变过程中，不同类型的场可以用来获得更好的系统功能，实现更好的系统控制。从宏观系统向微观系统进化有以下 7 个阶段（图 8.24）。

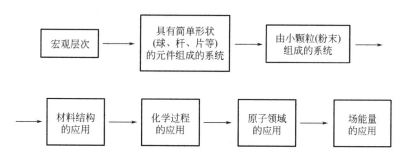

图 8.24 从宏观系统向微观系统进化的 7 个阶段

烹饪灶具的进化过程可以用以下 4 个阶段进行描述，如表 8.7 所示。

表 8.7 烹饪灶具的进化过程

序号	进化过程
1	浇铸而成的大铁炉子，以木材为燃料
2	较小的炉子和烤箱，以天然气为燃料
3	电热炉子和烤箱
4	微波炉

以下 7 个阶段可以阐明房屋建筑行业的演变过程，如表 8.8 所示。

表 8.8　房屋建筑行业的演变过程

序号	演变过程
1	宏观层次——许多原木
2	基本外形——许多木板
3	小的片状结构——片状薄木板
4	材料结构——木头屑
5	化学——回收利用塑料板和塑料件
6	原子——空气支持的圆顶屋
7	能量场——运用磁场排列铁粒子以形成墙

碳元素能够组成很多物质，钻石、巴基球、纳米管、碳纤维等均已展示了碳作为"第六元素"的神奇。现在，石墨烯（Graphene）正在以另一种有用而独特的方式延续碳的神奇。石墨烯是由单层碳原子构成的二维晶体，也是目前世界上最薄的材料——几片放在一起的直径只有一个原子大，其看上去是透明的。未来，石墨烯可能会在大多数电脑应用中取代硅芯片和铜连接器（copper connector），但其真正的潜力在于基于量的电子设备，这种设备将来会使我们的电脑看上去就像是原始的蒸汽动力工具（图 8.25）。

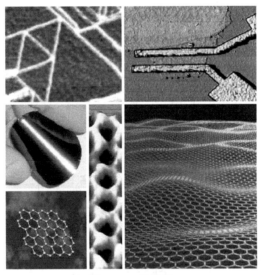

图 8.25　石墨烯

所谓的"巴基球"是由 60～100 个碳原子构成的球形笼状中空结构分子，其结构与网格球顶类似，硬度则超过钻石。之所以被称为"巴基球"是为了纪念已故建筑界幻想家巴克明斯特·富勒（Buckminster Fuller）。现在，科学家已能够将其他原子嵌入巴基球，使其成为更加强大的"载运者"。随着研究的进一步深入，直接将纳米强效药送入体内肿瘤将成为一种可能（图 8.26）。

当功能设计从宏观层次向微观层次演化时，系统体积没有必要减小。随着实现功能的每个子系统变小，更多的功能都被集成起来。能实现更多功能的新系统可能会比任何一个子系统都要大。比如，比起原始的点阵打印机，计算机激光打印机就有更多的点距，这是因为后

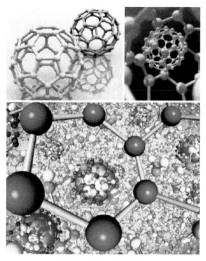

图 8.26　巴基球

者合并了一些附加功能。

⑧ 进化模式 8：提高系统自动化程度，减少人的介入。

不断地改进系统，目的是希望系统能代替人类完成那些单调乏味的工作，而人类去完成更多的脑力工作。

例如，多年以前，洗衣服就是一件纯粹的体力活，同时还要用到洗衣盆和搓衣板。最初的洗衣机可以减少所需的体力，但是操作需要很长的时间。全自动洗衣机不仅减少了操作所需的时间，还减少了操作所需的体力。

⑨ 进化模式 9：技术系统以分割实现改进。

上述 8 种进化模式使产品沿不同的路线进化。通常，一个系统从其原始状态开始沿着模式 1 和模式 2 进化，当达到一定水平后将会沿着其余 6 种模式进化。每种模式都存在多条进化路线，按 Zusman 的介绍，直接进化理论已经确定了 400 多条进化路线。每条进化路线都是从结构进化的特点描述产品核心技术所处的状态序列。

在进化过程中，技术系统总是通过各种形式的分割实现改进。一个已分割的系统会具有更高的可调性、灵活性、有效性。分割可以在元件之间建立新的相互关系，因此，新的系统资源可以得到改进。

以下几种方法可以快速实现更有效的系统分割（图 8.27）。

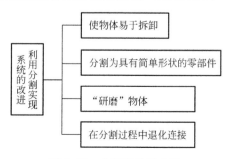

图 8.27　分割的几种方法

a. 使物体易于拆卸。

尽量使物体易于拆卸。如果可能的话，使用现存的标准件装配整个零部件。

例如，对比别的模块化手机，PuzzlePhone（图 8.28）的设计可行性非常高，就分为了三部分。Brain（大脑）：CPU、GPU、RAM、ROM 还有主摄像头都在这个模块上，用户可以根据自己的需要自由选择，更新换代会比较快；Spine（脊柱）：几乎就是整个手机的骨架，屏幕和一些耐用的元器件整合在该模块，更新频率较慢；Heart（心脏）：简单说就是一大块电池加上部分电子元件，用户可随时更换（算是一个可更换电池设计）。

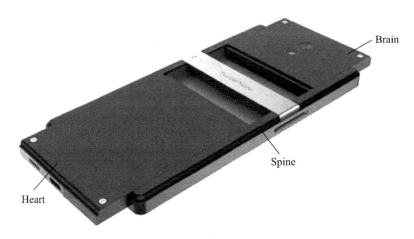

图 8.28　模块化手机

b. 分割为具有简单形状的零部件。

考虑将物体分割为具有简单几何形状（比如板、线、球）的元件。

例如，早期的发动机工作效率很低。发电机绕线组的实铁芯产生的涡电流使铁芯发热，从而浪费了很多能量。

爱因斯坦建议的解决方法至今还在广泛应用。发电机绕线组的铁芯是由层层钢板叠加起来的，每个钢板都涂上了绝缘漆以防止钢板之间涡电流的传递。

c. "研磨"物体。

考虑将一个物体裂解（比如研磨、磨削）成具有高度分散性的元件，如粉末、浮质、乳化或悬浮物质。

例如，智能终端随着性能越来越强面临着严重的续航不足问题。现有的锂电池技术已经很难有所突破，容量越来越大带来了体积增加同时安全系数降低的问题，也不环保。最近研究人员开发了一种量子电池技术，可以取代锂电池。多量子比特相互纠缠而产生的"量子加速"可以加快充电过程，用量子电池充电比传统电池更快。量子电池内的量子比特可以为离子、中性原子、光子等多种形态，充电表示将量子比特由低能态变成高能态，而放电则相反（图 8.29）。

d. 在分割过程中退化连接。

分割可以发生在以下发展进程中，如表 8.9 所示。

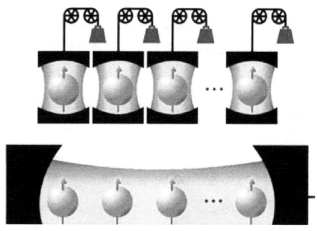

图 8.29　快速充电的量子电池

表 8.9　分割出现的情况

序号	分割出现的情况
1	建立内部的局部障碍物（比如隔离物、栅格、过滤器）
2	建立完全障碍物
3	局部分离已分割的物体零部件，保持相互之间的刚性或动态连接
4	将一个物体分割成两个相互独立的零部件，它们之间是刚性或动态的连接
5	将系统已分割元件之间的机械连接转换为一种场连接
6	调整物体或系统分割元件之间的相互关系，和先前的方法和策略保持一致
7	通过分割完成元件的分离（比如，创建一个"零连接"系统）

例如，随着电影《变形金刚》的风靡，各种电子设备似乎也感受到了火种源的强大能量，变得不安分起来。比如 Movable Power（图 8.30）明明只是个插线板，但是突然也能变形了。Movable Power 的结构其实非常简单，就是将若干个单头插座通过一个可活动的"8"字形连接板连接在了一起，现在，它们可以任意扭动弯曲，既能收拢在一起，又能顺着墙角或家具蜿蜒，最大限度地利用空间。而且，虽然图中所示是 6 个单头插座的组合，但是结构决定了它理论上是能够无限增加个数的，这无疑大大地扩展了 Movable Power 可能的使用范围，甚至可以用它环绕电脑机箱一圈，以匹配越来越多的外设。

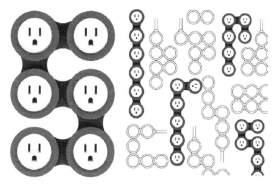

图 8.30　萌萌的插线板

再比如，每次踏出国门前，除了查找攻略、置换钱币外，准备适合该国的电源转换头也是非常重要的。现在数码设备很多，为了避免出门忘带电源转换头，人们需要一个万能电源插头（图 8.31）。一个电源转换头能自带几个 USB 口就更方便了。

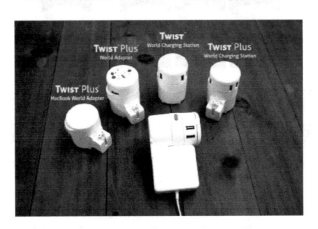

图 8.31　带 USB 充电口的万能电源转换头

⑩ 进化模式 10：系统进化以结构改善为主。

在进化过程中，技术系统总是通过材料（物质）结构的发展来改进系统。结果，结构就会变得更加一致。

以下几种方法可以更有效地改善物体结构，如图 8.32 所示。

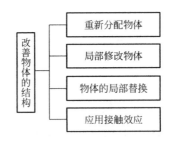

图 8.32　改善物体结构的几种方法

a. 重新分配物体。

增加系统或过程有效性的一种方法是用一种不均匀的元件或材料代替均匀的元件或材料。另一种方法是将具有混乱结构的元件或材料转变为具有清楚结构的元件或材料。清楚结构可以通过应用场（力、效应或动作）来获得。

例如，这款车给人的第一感觉是科幻、未来。它的最大特点是，后面的两个轮子可以变成两台独立的摩托车（图 8.33）。

b. 局部修改物体。

通过局部修改，可以使一种材料或部件变得更加不均匀。

例如，在金属卷轴的制造过程中，有必要使金属卷轴的表面尽可能坚硬，而轴芯部分必须保持一定的韧性。

图 8.33　可以分解的汽车

为了达到这种要求，卷轴可以应用离心浇铸法来加工：在旋转的铸型里注入含有高浓度铬的熔钢，这样就能生成高强度的卷轴表层。当卷轴的表面变硬后，在铸型里注入一种韧性金属，形成卷轴的轴芯。

c.物体的局部替换。

通过以下方法可以使材料更加不均匀：用一种"虚空"代替材料的一部分；或者引入附加材料层。

例如，把原来的图钉揉碎了重塑，平面拉出一点便于捏握，钉子增加一枚便于摁压，同时将钉子材质改为硬质弹簧钢，硬度提升了42%（图8.34）。所以，这款赢得红点奖的设计无论张贴什么内容，只需捏住图钉单手摁下，双钉均分手指力量更易插入，而且只需一枚图钉，即可实现任意角度张贴内容。

图 8.34　双头图钉

d. 应用接触效应。

为了提高含有不均匀物体的系统或过程的操作效率,可以通过在不同范围内产生效应的接触获得。

例如,U 形输液袋(Nu-Drip)将输液袋改成了颈枕一般的 U 字造型(图 8.35)。好处在于,它仍然可以像通常的输液袋一样挂在杆子上,但在需要移动的时候,把它直接往脖子上一套就能出发,不需要像以前一样必须要将输液架随身移动才行。

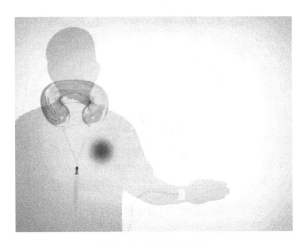

图 8.35　U 形输液袋

⑪ 进化模式 11:技术系统趋于一般化。

在进化过程中,技术系统总是趋向于具备更强的通用性和多功能性,这样就能提供便利和满足多种需求。这条进化模式已经被"增加系统动态性"所完善,因为更强的普遍性需要更强的灵活性和可调整性。

以下几种方法可以以更有效的方法增加元件的通用性(图 8.36)。

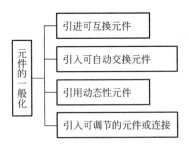

图 8.36　增加元件通用性的方法

a. 引进可互换元件。

通过使用可相互调整的元件使系统具备更强的通用性。

例如,来自纽约设计师 Ian Stell 的创意,Sinan Table 是一款可伸缩茶几(图 8.37)。必须指出,这不是一款简洁的作品,但却因为这种复杂,带来了一种让人着迷的力量:茶几采用了某种复杂的铰链结构,让它就像是某种可伸缩的自动门一样,却又更加安静和顺滑。

图 8.37　一款可伸缩茶几：Sinan Table

b. 引入可自动交换元件。

装配系统或过程需要的元件。然后，规划元件工作的先后顺序。

例如，在人工操作六角车床上，每个转头都包括一种不同的工具，操作者旋转转头以使用第一个工具，然后是另一个。

在一个自动化机械车间，工具的交替使用已经程序化，这个程序是控制整个车间操作的主要组成部分。

c. 引用动态性元件。

使系统或过程具有使自身元件在形状/特性方面程序性改变的能力。

例如，阿根廷女设计师 Aldana Ferrer Garcia 将居室的窗户进行改造，推出了 More Sky 计划，比现有推拉窗更实用，可推拉放大出好大一块延展空间。躺在这样的空间里观景，可增加一种私密感与和自然拥抱的力量（图 8.38）。设计方案提供了三种延展方式：上推、下推与平转。

图 8.38　钢筋水泥中的天空之城

d. 引入可调节的元件或连接。

考虑引入可调整元件或连接的可能性大小。

例如，所谓的双体船就是有两个船体（一个相似双系统），稳定性很高。把两个船体紧紧绑在一起，就会限制双体船的操作灵活性。事实上，我们可以用滑动联轴器连接这两个船体，当需要增加可操作性时，滑动联轴器就可以适当地调整两船体之间的距离。

例如，当汽车高速运动时，阻流板（可以使空气偏斜的散热片）可以用来改善机车的稳定性。它还可以在汽车速度较低的时候增加空气拉力。

可伸缩的前后阻流板可以灵活地增进机车功能。在干燥的天气里，车速达到120km/h时，前边的阻流板就会收缩，以减少空气拉力。当汽车以更高的速度行驶时，它还可以展开以增加稳定性。在雨天，当车速超过48km/h时，前后阻流板都会伸长以防止汽车打滑并能同时增加稳定性。在刹车的时候，后边的阻流板还可以展开，起到空气辅助刹车的作用。

进化路线指出了产品结构进化的状态序列，其实质是产品如何从一种核心技术移动到另一种核心技术，新旧核心技术所完成的基本功能相同，但是新技术的性能极限提高，或成本降低。即产品沿进化路线进化的过程是新旧核心技术更替的过程。基于当前产品核心技术所处的状态，按照进化路线，通过设计，可使其移动到新的状态。核心技术通过产品的特定结构实现，产品进化过程实质上就是产品结构的进化过程。因此，TRIZ中的进化理论是预测产品结构进化的理论。

应用进化模式与进化路线的过程为：根据已有产品的结构特点选择一种或几种进化模式，然后从每种模式中选择一种或几种进化路线，从进化路线中确定新的核心技术可能的结构状态。

8.3 技术成熟度预测方法

知道自己产品技术成熟度是一个企业制定正确决策的关键。事实上，很多企业的决策并不科学。Ellen Domb认为：人们往往基于他们的情绪与状态来对其产品技术成熟度作出预测，假如人们处于兴奋状态，则常把他们的产品技术置于"成长期"，如果他们受到了挫折，则可能认为其产品技术处于"退出期"。因此，需要一种系统化的技术成熟度预测方法。

Altshulletr通过研究发现：任何系统或产品都按生物进化的模式进化，同一代产品进化分为婴儿期、成长期、成熟期、退出期四个阶段，这四个阶段可用简化后的分段S曲线表示。其优越性就是曲线中的拐点容易确定。

确定产品在S曲线上的位置是技术进化理论研究的重要内容，称为产品技术成熟度预测。预测结果可为企业R&D决策指明方向：处于婴儿期及成长期的产品应对其结构、参数等进行优化，使其尽快成熟，为企业带来利润；处于成熟期与退出期的产品，企业在赚取利润的同时，应开发新的核心技术并替代已有的技术，以便推出新一代的产品，使企业在未来的市场竞争中取胜。

技术进化理论采用时间与性能，时间与利润，时间与专利数，时间与专利级别四组曲线综合评价产品在图8.39中所处的位置，从而为产品的R&D决策提供依据。各曲线的形状如图8.39所示。收集当前产品的相关数据建立这四种曲线，将所建立曲线形状与这四种曲线的形状比较，就可以确定产品的技术成熟度。

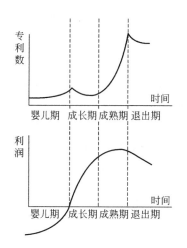
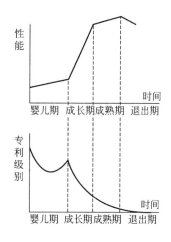

图 8.39　技术成熟度预测曲线

当一条新的自然规律被科学家揭示后,设计人员依据该规律提出产品实现的工作原理,并使之实现。这种实现是一种级别较高的发明,该发明所依据的工作原理是这一代产品的核心技术。一代产品可由多种系列产品构成,虽然产品还要不断完善,不断推陈出新,但同一代产品的核心技术是不变的。

一代产品的第一个专利是一高级别的专利,如图 8.39 "时间-专利级别"曲线所示。后续的专利级别逐渐降低。但当产品由婴儿期向成长期过渡时,有一些高级别的专利出现,正是这些专利的出现,推动产品从婴儿期过渡到成长期。

图 8.39 中的 "时间-专利数"曲线表示专利数随时间的变化,开始时,专利数较少,在性能曲线的第三个拐点处出现最大值。在此之前,很多企业都为此产品的不断改进而投入,但此时产品已经到了退出期,企业进一步增加投入已经没有什么回报。因此,专利数降低。

图 8.39 中的 "时间-利润"曲线表示:开始阶段,企业仅仅是投入而没有赢利。到成长期,产品虽然还有待进一步完善,但产品已经出现利润,然后,利润逐年增加,到成熟期的某一时间达到最大后开始逐渐降低。

图 8.39 中的 "时间-性能"曲线表明,随时间的延续,产品性能不断增加,但到了退出期后,其性能很难再有所增加。

如果能收集到产品的有关数据,绘出上述四条曲线,通过曲线的形状可以判断出产品在分段 S 曲线上所处的位置。从而,对其技术成熟度进行预测。

8.4　案例分析

8.4.1　系统技术成熟度实例分析

(1) 工程实例 1:滚筒型纺纱机械技术成熟度预测分析

纺纱机械是一种典型的机械系统。企业的 R&D 部门需要制定长期的新产品开发策略。

纺纱机械很复杂，在其上市之前，需要很长的开发时间，因此，需要确定预算及开发方向。错误的方向不仅导致短期效益的损失，更重要的是与竞争者的技术产生巨大的差距，这对任何企业的发展都是致命的。下面简单分析一下滚筒型纺纱机的技术成熟度。

首先，从专利库中查出与该机器相关的 238 件专利，对每件专利进行详细的分析并确定其发明的级别。专利按每 10 年为一组，其性能确定为转子的速度，该速度相对于纤维长度与滚筒直径之比有一理论极限。效益不易获得，但可用所售出的全部设备台数近似估计。

图 8.40 是时间与专利数关系曲线。时间从 1940 年开始。图 8.41 是时间与专利级别关系曲线。图 8.42 是时间与性能关系曲线。图 8.43 是时间与机器在世界市场上售出的台数关系曲线。图 8.44 是各种曲线的汇总。由汇总图可以看出：到 1996 年，产品的技术已经处于成熟期。

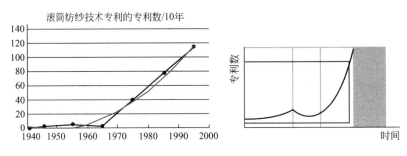

图 8.40　时间-专利数曲线

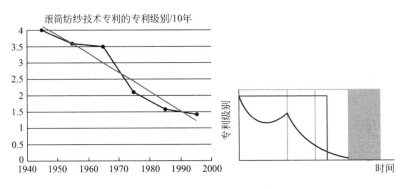

图 8.41　时间-专利级别曲线

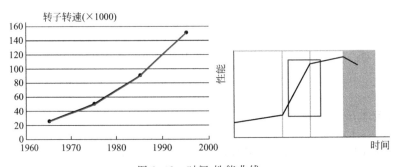

图 8.42　时间-性能曲线

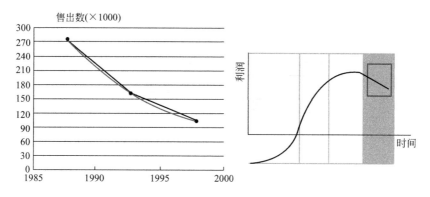

图 8.43　时间-机器售出台数曲线

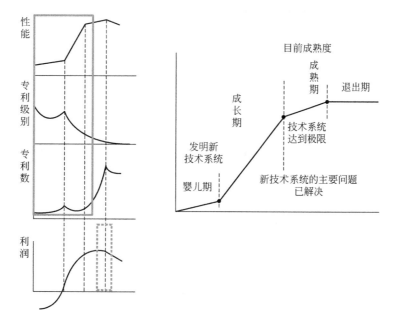

图 8.44　滚筒式纺纱机技术预测

图 8.44 的预测结果表明，被预测的产品技术在 1996 年已经处于成熟期，企业虽然可以继续生产该产品并获得利润，但必须进行产品创新，寻找新的核心技术替代已经采用的技术，以使企业在未来的竞争中取胜。寻找新的核心技术，可按 11 种进化模式去探索，现以其中的一种模式来说明。

假定按进化模式 4，即增加系统的动态性及可控性寻找新的替代技术的方向。模式 4 可分为五条路线：使物体的部分零件可活动，增加自由度个数，变成柔性系统，变为微小物体和变为场。图 8.45 是增加动态性的进化路线。

第一条路线是使物体的部分零件可活动。滚筒式纺纱机的核心部件是纱箱与滚筒，后者已是活动的零件，因此，按该路线的进化已经完成。

第二条路线是增加自由度个数。纱箱的平动可以增加自由度的个数，该自由度可以在机

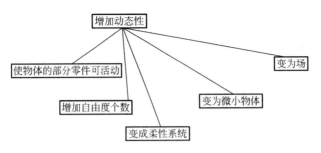

图 8.45　增加动态性的进化路线

器纺纱过程中或调整时采用。

第三条路线为使系统的某一部分变为柔性体。用柔性材料制造的滚子还不存在。

第四条路线是使滚子变为微小物体,这似乎不能实现。

第五条路线是采用场。静电纺纱技术已经进行过研究,但前景并不乐观。早期的涡流纺纱机采用气体抽纱,纱线质量并不理想,新兴的纺纱机采用空气射流技术,纱线质量提高。从上面的分析可以看出:采用第五条路线,研究当前已有技术,可能获得本产品的新的核心技术——气流纺纱。

(2) 工程实例 2:超声波焊接技术成熟度预测分析

超声波焊接技术可以实现不同工件(热塑性塑料或金属)的焊接,和传统的焊接技术相比,超声波焊接更快、更安全。高频电能被转换为高频机械能,这种高频机械能直接作用在即将被焊接的工件上。实际上,这种高频机械能是一种往复循环的纵向运动,其循环次数为 1500 次/s。在强制力的作用下,高频机械能通过电极尖端被传递到工件上,这样就在两工件的接触面上产生了大量的摩擦热,进而两工件就在理想的位置熔接。停止压力和振动后,工件就会凝结在一起,成为一个焊接件。很多因素都有利于形成一个完好的焊缝,但是正确权衡振动的振幅、时间、压力三者之间的关系仍然很有必要。该项焊接技术已经广泛应用于许多焊接行业。下面简单分析一下超声波焊接技术成熟度。

通过确定目前技术系统在以下四条曲线上的位置进而预测该技术系统在其 S 曲线上的位置。

收集数据建立四条曲线中的三条,预测超声波焊接技术的成熟度。

① 专利数。

搜集世界领域内的相关发明专利,这些专利范围为:超声波焊接技术及其外围技术设备,超声波焊接的相关技术(如超声波焊合、超声波结合、超声波连接)。收集整理数据绘制时间-专利数曲线(图 8.46)。

从图中可以清楚地看到:该领域的专利数随时间推移有逐渐下降的趋势,直到 20 世纪 90 年代才有了上升的趋势。

② 专利级别。

对专利进行分析,确定每项专利的级别,这里的专利分为五个等级,从第一级(最低级别)一直到第五级(最高级别)。超声波焊接技术的最初专利级别很高,因为这种焊接技术

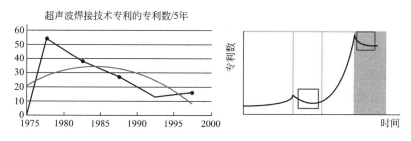

图 8.46　从 1976 年至 1998 年超声波焊接的发明专利数

在当时的焊接领域内是一种全新的设计。随着时间的推移，专利级别逐渐降低。目前超声波焊接技术的专利级别在第一级和第二级之间徘徊。通过分析收集的数据，描绘出时间-专利级别曲线，如图 8.47 所示。

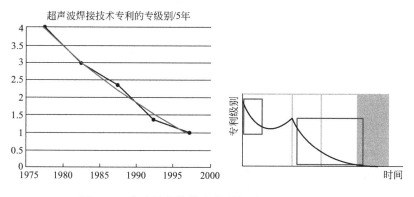

图 8.47　超声波焊接技术专利级别（1976—1998）

③ 利润。

由于缺少相关的数据，所以要准确地描绘利润-时间曲线似乎是不可能的，所以，假想：超声波焊接技术的专利数（与用在时间-专利数曲线上的专利不同，这里指改善超声波焊接技术所获专利）与利润成比例。如图 8.48 所示，从 20 世纪 90 年代一直到现在，利润有明显的上升趋势。

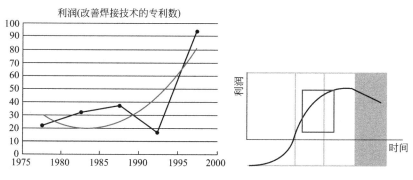

图 8.48　超声波技术利润曲线（1976—1998）

④ 数据分析。

将所描绘的图形与标准的技术成熟度预测曲线进行对比，就可以确定当前超声波技术在其 S 曲线上的位置。

⑤ 专利数曲线。

技术成熟度预测曲线上有两处和实绘图相符合，通过进一步的分析，发现第一处比第二处更符合一些，如图 8.46 所示。

⑥ 专利级别曲线。

技术成熟度预测曲线上有两处和实绘图相符合。然而，第二处更符合一些，因为第一处的曲线达到一定水平时开始有回升的趋势，而实绘图仍然保持下降趋势，如图 8.47 所示。

⑦ 利润曲线。

在这组对比中，预测曲线和实绘曲线之间的关系很明确，如图 8.48 所示。

通过对上面 3 条实绘曲线进行分析，可以看出超声波焊接技术的实绘曲线和标准成熟度预测曲线有着相似的进化趋势，那么可以推出性能曲线上与标准曲线相似的位置，进而，在 S 曲线上的位置也就可以外推出来了，如图 8.49 所示。

一系列的分析表明，超声波技术在 1998 年时预测进入或者正在进入成熟期。目前，对该项技术已经提出了更多的要求，而且这种趋势很有可能继续下去。超声波焊接技术是一种多功能的技术，有很多切实可行的应用实例。为了获取大量的利润，已经投入了大量的资源，以促进其成熟。当然和很多技术系统一样，当其进入成熟期后，不可避免地要经历一个衰落阶段，在那个阶段，焊接领域的任何一种突破都有可能发生，一条新的 S 曲线就会开始。

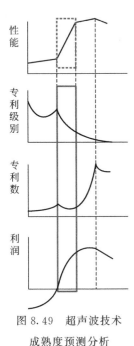

图 8.49 超声波技术成熟度预测分析

8.4.2 风力发电机组新型液压驱动装置设计创新

目前，国际、国内风电制造商正在规划超大功率级别的风电机组。但是由于超大功率机组仍然按照目前的几种机械传动结构来设计，机舱部分的重量和体积均会大大增加，故各个厂家迟迟没有进展。

在本案例中采用的创新方法是通过系统进化法则解决。通过对各个法则的思考和尝试，最终利用其中的动态性进化法则中的柔性进化法则解决了该问题。各个法则结合现有风电机组的技术现状进行分析，最终认为动态性进化法则中的柔性进化法则可以解决现在的问题。

通过在风电机组中加入液压传动的形式，可以用风轮带动液压泵转动，之后由液压泵带动液压马达旋转，进而拖动发电机发电。能量由风轮动能转化成液压动能最后再转化为电能。这样一来可大大减小机组传动部件的重量和体积，且由于使用液压传动，传动柔性增加，可使各部件灵活布置。

(1) 问题模型

风力发电技术属于新能源领域，随着能源危机出现，风电越来越受到人们的青睐，风电机组的单机容量也在不断攀升。现在普遍使用的 1.5MW、2MW、3MW，5MW 和 6MW 的机组已经有多家厂商可完成生产制造并成功并网发电。目前国际、国内风电制造商正在规划超大功率级别的风电机组。但是由于超大功率机组仍然按照目前的几种机械传动结构来设计，机舱部分的重量和体积均会大大增加，故各个厂家迟迟没有进展。能否设计出新型的传动形式，改变原有传动结构就成为设计 10MW 风电机组新的突破点。

(2) 技术问题描述

目前大多数主机厂家采用的风电机组传动方式主要有两种。一种是直驱机组，即直接用风轮带动发电机转动，将风轮动能转化为电能，这种传动结构简单，但是由于风轮转速较低，所以需要用永磁多级发电机进行发电，该发电机体积庞大，如仍然采取此种结构，10MW 级别的机组的永磁多级发电机将十分巨大，设计、制造、运输、安装均会带来巨大的挑战和难度。另一种是高速发电机机型，这种机型在风轮和发电机之间增加一个增速齿轮箱，由增速齿轮箱提速后再带动高速发电机转动，风轮动能转换为高速动能后再转换为电能，由于此种结构利用高速动能转换为电能，发电机的级数和体积均可以小一些，但是增加了增速齿轮箱的重量，并且增加了传动链的长度，如采用该种结构，10MW 级别的机组在重量、体积方面将遇到同样的问题。

(3) 应用创新方法解决问题过程

在本案例中采用的创新方法是通过系统进化法则解决。通过对各个法则的思考和尝试，最终利用其中的动态性进化法则中的柔性进化法则解决该问题。

由图 8.50～图 8.53 可以看出两种结构形式各有优缺点，且就目前的单机容量水平来看，两种结构形式均已经达到设计的极限，如再进一步放大结构来将单机的功率增加到 10MW 乃至更大，已经明显不可取。

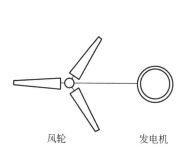

图 8.50 直驱永磁风电机组简图

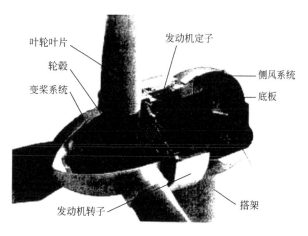

图 8.51 直驱永磁风电机组效果图

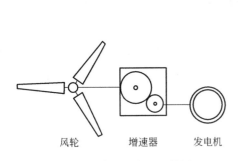
图 8.52　高速风电机组简图

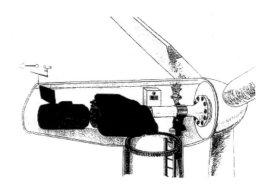
图 8.53　高速风电机组效果图

① 系统进化法则分析。

TRIZ 认为，每一个技术系统（单个产品或同类产品）在不断完善的过程中，总要遵循一定的进化法则，这是在产品进化中遵循的客观规律。有以下几个大类：完善性法则、能量传递法则、协调性法则、提高理想度法则、动态性进化法则、子系统不均衡进化法则、向微观级进化法则、向超系统进化法则。

各个法则结合现有风电机组的技术现状进行分析，最终认为动态性进化法则中的柔性进化法则可以解决现在的问题。

② 进化法则具体分析。

由于当前系统均由机械轴和齿轮的形式传动，全为刚性连接，系统的柔性不足，可以改变系统的传动刚性以改进系统，在传动系统中，液压系统是具有柔性的传动系统，并且通常能够以较小的体积来获得较大的传动力和扭矩。

③ 解决方案。

根据以上论述，需要在风电机组中加入液压传动的形式，可以用风轮带动液压泵转动，之后由液压泵带动液压马达旋转，进而拖动发电机，液压驱动风电机组简化图如图 8.54 所示。能量由风轮动能转化成液压动能最后再转化为电能。

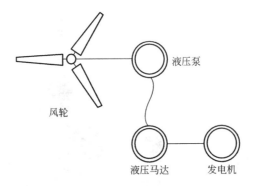
图 8.54　液压驱动风电机组简化图

由于液压元件体积小，且液压管线可以柔性布置，可以将液压马达和发电机安装在塔筒内，故可大大减小风电机组机舱的重量和体积。

（4）效果及前景

经过讨论，认为此成果可以在经过施工设计后应用在 10MW 及更大的风力发电机组上。并且此成果正在申请专利。

8.4.3　TRIZ 技术进化理论的应用研究

目前，在公共场所、景区及社区，车挤绿地、停车难等问题已越来越突出。为了解决停车车位占地面积与住户商用面积的矛盾，设计了立体车库，立体车库具有平均单车占地面积小的独特特性，其应用前景已被广大业内人士所关注。机械式立体停车设备将是未来几年停车设备发展的主要方向。在有限的土地上建设立体车库，必将成为许多大城市解决停车难问题的首选之举。这给立体车库行业带来了很好的发展机遇，一方面促进了立体车库行业的发展，另一方面也加剧了企业之间的竞争。在这样的背景下，企业想在立体车库行业中站稳市场，必须加大对立体车库的开发与创新。

根据图 8.55 所示的进化模式，在控制方面立体车库基本上已经达到全自动控制，在该路线的发展潜力不大。在结构上，立体车库的结构由升降横移式 ［图 8.56(a)］ 发展到堆垛式 ［图 8.56(b)］，根据曲面化进化模式，立体车库的结构状态可能发展到柱体或球体。于是，参照摩天轮的结构形式可以将立体车库设计为单环垂直旋转结构 ［图 8.56(c)］。

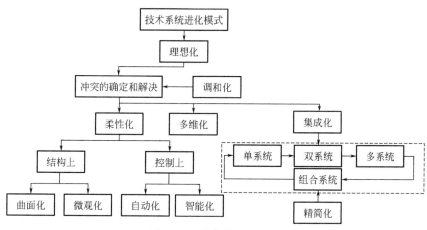

图 8.55　进化模式层次图

整体车库外形为垂直旋转的圆环形结构，好像一个巨大的摩天轮。立体车库的直径需要大一些，以增加泊车位数量；但是又不能太大，以减少占地面积和存取车所需的时间。在此基础之上，根据技术系统进化理论中的多维化进化模式，可以对此结构作进一步预测。为了存储更多的车辆，最大限度地利用空间，将单环单层设计为单环双层（图 8.57）或多层。

为了实现车库内外环自由存取车，车库可以设计成单侧支撑方式，提出一种 L 形单吊点悬挂式结构形式（图 8.58）。这种结构形式不但可以使结构变得简单，更重要的是可以实现单侧多环结构形式（图 8.59），也可以实现双侧多环结构形式（图 8.60），这样设计就可以达到停放更多车辆的目的。

(a) 升降横移式结构

(b) 堆垛式结构

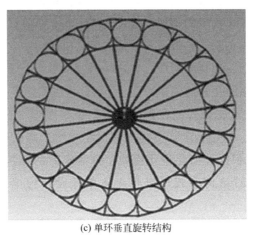
(c) 单环垂直旋转结构

图 8.56 立体车库进化示意图

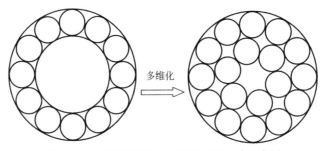

图 8.57 单环单层设计到单环双层设计示意图

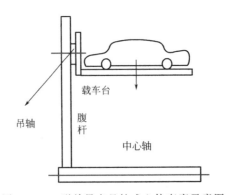

图 8.58 L形单吊点悬挂式立体车库示意图

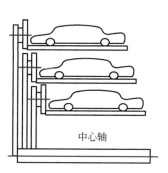  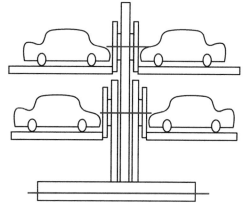

图 8.59　单侧多环结构立体车库示意图　　图 8.60　双侧多环结构立体车库示意图

综合以上分析结果，停车设备可能的下一代产品结构应为垂直旋转式，工作原理与摩天轮相似。为了使立体车库在有限的空间内停放尽量多的车辆，在保持车库直径不变的情况下，将单层设计改为双层或多层，也可以在圆环的两侧都安装载车台，这样可以实现在有限空间停放更多的车辆。这样设计立体车库有着明显的优点：一方面，其最大存取车距离仅为半个圆周，可以提高存取车效率；另一方面，其结构新颖，可以成为小区及公共场所一道亮丽的风景线。当然还需要进一步设计研究来满足其他需求。

从上述案例中，可以得出以下结论：为了合理地利用和配置各种资源，企业不仅需要了解当前产品技术状况，更要把握其未来发展趋势，因此，准确地进行产品技术预测具有重要的意义。TRIZ 技术系统进化理论是通过对世界专利库的分析研究得到的，具有很强的客观性和实用性，其预测结果有很高的可靠性。本文用 TRIZ 技术系统进化理论对未来立体车库的发展趋势作了预测研究，当然设计还存在待优化的部分，需要在 TRIZ 指导下进一步改进设计，完善其结构。

思考与练习

1. 技术系统进化存在什么样的规律？
2. 技术系统进化的主要模式有哪些？
3. 什么是理想度？理想度的计算公式是什么？增加系统理想度的方法有哪些？
4. 增加动态性的方法有哪些？
5. 什么是技术系统的成熟度预测？

第三部分
创新问题的解决原理与方法

第9章 冲突及冲突解决原理与方法

9.1 概述

产品是多种功能的复合体,为了实现这些功能,产品由具有相互关联的多个零部件组成。为了提高产品的市场竞争力,需要不断地根据市场的潜在需求对产品进行改进设计。当改变某个零部件的设计,提高产品某方面的性能时,可能会影响与这个被改进零部件相关联的零部件,结果可能使产品或系统的其他方面的性能受到影响。如果这些影响是负面影响,则设计出现了冲突。

例如,在飞机设计中,如果使其垂直稳定器的面积加大一倍,将使飞机振动幅值减小50%,但这将使飞机对阵风和阵雨的敏感度增强,同时也增加了飞机的重量。

例如,为了加快重型运输机装卸货物的速度,飞机上需要有移动式起重机,但起重机本身具有一定的质量,增加了飞机的额外负载。

冲突普遍存在于各种产品的设计中。按传统设计中的折中法,冲突并没有被彻底解决,而是在冲突双方取得折中方案,或称降低冲突的程度。TRIZ认为,产品创新的标志是解决或移走设计中的冲突,从而产生新的有竞争力的解。发现问题的核心是发现冲突并解决冲突,未解决冲突的设计并不是创新设计。产品进化过程就是不断地解决产品中存在的冲突的过程。一个冲突解决后,产品进化过程进入停顿状态;之后的另一个冲突解决后,产品移到一个新的状态。设计人员在设计过程中不断地发现并解决冲突,是推动设计向理想化方向进化的动力。

(1) 冲突通常的分类

如图9.1所示,冲突分为两个层次,第一个层次分为三类冲突:工程冲突、社会冲突及自然冲突,这三类冲突中的每一类又可细分为若干类。在图9.1中,冲突自底向上,自左向右,解决越来越困难,即技术冲突最容易解决,自然冲突最不容易解决。

自然冲突分为自然定律冲突及宇宙定律冲突。自然定律冲突是指由自然定律所限制的不可能的解。例如,以目前人类对自然的认识,温度不可能低于华氏零度,速度不可能超过光

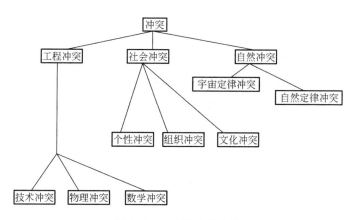

图 9.1 冲突通常的分类

速，如果设计中要求温度低于华氏零度或速度超过光速，则设计中出现了自然定律冲突，不可能有解。随着人类对自然认识程度的不断深化，今后上述冲突也许会被解决。宇宙定律冲突是指由地球本身的条件限制所引起的冲突，如地球引力的存在决定了一座桥梁所能承受的物体重量不是无限的。

社会冲突分为个性、组织及文化冲突。如只熟悉绘图，而不具备创新知识的设计人员从事产品创新就会出现个性冲突；一个企业中部门与部门之间的不协调会造成组织冲突；对改革与创新的偏见就是文化冲突。

工程冲突分为技术冲突、物理冲突及数学冲突三类。其主要内容正是 TRIZ 研究的重点。

(2) 基于 TRIZ 的冲突分类

TRIZ 将冲突分为三类，即管理冲突（Administrative Contradictions）、物理冲突（Physical Contradictions）及技术冲突（Technical Contradictions）。

管理冲突是指为了避免某些现象或希望取得某些结果，需要做一些事情，但不知道如何去做。如希望提高产品质量，降低原材料的成本，但不知道方法。管理冲突本身具有暂时性，而无启发价值。因此，不能表现出问题的解的可能方向，不属于 TRIZ 的研究内容。

物理冲突、技术冲突是 TRIZ 的主要研究内容，下面将主要论述这两类冲突。

9.2 物理冲突及其解决原理

9.2.1 物理冲突的概念及类型

物理冲突是指为了实现某种功能，一个子系统或元件应具有一种特性，但同时又出现了与该特性相反的特性。

物理冲突是 TRIZ 需要研究解决的关键问题之一。当对一个子系统有相反的要求时就出现了物理冲突。例如：为了起飞容易，飞机的机翼应有较大的面积，但为了高速飞行，机翼又应有较小的面积,这种要求机翼具有大面积与小面积的情况,对于机翼的设计就是物理冲突,解决该冲突是机翼设计的关键。

物理冲突出现有两种情况:①一个子系统中有害功能降低的同时导致该子系统中有用功能的降低。②一个子系统中有用功能加强的同时导致该子系统中有害功能的加强。

上述的描述方法是最一般的方法,其他 TRIZ 研究人员对此给了更为详细的描述,下面分别介绍 Savransky(萨夫兰斯基)描述方法及 Teminko(特明科)描述方法。

Savransky 在 1982 年提出了如下的物理冲突描述方法,如表 9.1 所示。

表 9.1 Savransky 物理冲突描述方法

序号	描述物理冲突
1	子系统 A 必须存在,A 不能存在
2	关键子系统 A 具有性能 B,同时应具有性能 −B,B 与 −B 是相反的性能
3	A 必须处于状态 C 及状态 −C,C 与 −C 是不同的状态
4	A 不能随时间变化,A 要随时间变化

1988 年,Teminko 提出了如下的物理冲突描述方法,如表 9.2 所示。

表 9.2 Teminko 物理冲突描述方法

序号	描述物理冲突
1	实现关键功能,子系统要具有一定有用功能(Useful Function,简称 UF),为了避免出现有害功能(Harmful Function,简称 HF),子系统又不能具有上述有用功能
2	关键子系统特性必须是大值,以能取得有用功能 UF,但又必须是小值,以避免出现有害功能 HF
3	子系统必须出现以取得有用功能,但又不能出现以避免出现有害功能

物理冲突的表达方式较多,设计者根据特定的问题,采用容易理解的表达方法描述即可。

9.2.2 物理冲突的解决原理

物理冲突的解决方法一直是 TRIZ 研究的重要内容,阿奇舒勒在 20 世纪 70 年代提出了 11 种解决方法,20 世纪 80 年代 Glazunov(格拉祖诺夫)提出了 30 种解决方法,20 世纪 90 年代 Savransky 提出了 14 种解决方法。下面主要介绍阿奇舒勒提出的 11 种解决物理冲突的方法,如表 9.3 所示。

表 9.3 11 种解决物理冲突的方法

序号	方法	实例
1	冲突特性的空间分离	如在采矿的过程中为了遏制粉尘,需要微小水滴,但微小水滴产生雾,影响工作。建议在微小水滴周围混有锥形大水滴
2	冲突特性的时间分离	根据焊缝宽度的不同,改变电极的宽度
3	不同系统或元件与一超系统相连	传送带上的钢板首尾相连,以使钢板两端保持温度一致
4	将系统改为反系统,或将系统与反系统结合	为防止伤口流血,在伤口处缠上绷带

续表

序号	方法	实例
5	系统作为一个整体具有特性B,其子系统具有特性－B	链条与链轮组成的传动系统是柔性的,但是每一个链节是刚性的
6	微观操作作为核心的系统	微波炉可代替电炉等加热食物
7	系统中一部分物质的状态交替变化	运输时氧气处于液态,使用时处于气态
8	由于工作条件变化使系统从一种状态向另一种状态过渡	如形状记忆合金管接头,在低温下管接头很容易安装,在常温下不会松开
9	利用状态变化所伴随的现象	一种输送冷冻物品的装置的支撑部件是冰棒制成的,在冷冻物品融化过程中,能最大限度地减少摩擦力
10	用两相的物质代替单相的物质	抛光液由一种液体与一种粒子混合组成
11	通过物理作用及化学作用使物质从一种状态过渡到另一种状态	为了增加木材的可塑性,木材被注入含有盐的氨水,由于摩擦这种木材会分解

9.2.3 分离原理及实例分析

TRIZ在总结物理冲突解决的各种研究方法的基础上,提出了如下的分离原理解决物理冲突的方法,分离原理包括4种方法,如图9.2所示。

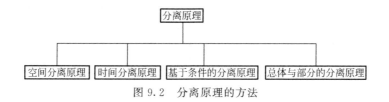

图9.2 分离原理的方法

通过采用内部资源,物理冲突已用于解决不同工程领域中的很多技术问题。所谓的内部资源是在特定的条件下,系统内部能发现及可利用的资源,如材料及能量。假如关键子系统是物质,则几何或化学原理的应用是有效的;如关键子系统是场,则物理原理的应用是有效的。有时从物质到场或从场到物质的传递是解决问题的有效方法。

9.2.3.1 空间分离原理

空间分离原理,指将冲突双方在不同的空间上分离,以降低解决问题的难度。当关键子系统冲突双方在某一空间只出现一方时,空间分离是可能的。应用该原理时,首先应回答如下的问题:

是否冲突一方在整个空间中"正向"或"负向"变化?

在空间中的某一处,冲突的一方是否可以不按一个方向变化?

如果冲突的一方可不按一个方向变化,利用空间分离原理解决冲突是可能的。

自行车采用链轮与链条传动是一个采用空间分离原理的典型例子。在链轮与链条发明之前,自行车存在两个物理冲突:其一,为了高速行走需要一个直径大的车轮,而为了乘坐舒适,需要一个小的车轮,车轮既要大又要小形成物理冲突;其二,骑车人既要快蹬脚蹬以提高速度,又要慢蹬以感觉舒适。链条、链轮及飞轮的发明解决了这两组物理冲突。首先,链条在空间上将链轮的运动传给飞轮,飞轮驱动自行车后轮旋转;其次,链轮直径大于飞轮，链轮以较慢的速度旋转可使飞轮以较快的速度旋转。因此，骑车人可以以较慢的速度蹬踏脚蹬，自行车后轮将以较快的速度旋转，自行车车轮直径也可以较小。

再比如，缓解道路交通堵塞问题。随着人口的增加以及城市规模的不断扩大，道路交通拥堵问题日益严峻。解决道路的交通拥堵问题，可将道路定义为系统，其上行驶的车辆等为子系统，其他与道路相关的资源则为超系统。进行因果分析（图9.3），可确定其中的技术冲突，对于既定系统——道路来说，其子系统车辆只能越来越多，所以只能从道路系统自身状况入手。扩展道路的面积，将改善"静止物体的面积"，从而缓解交通压力，但是将恶化"可操作性"，路的面积不可能无限增大。进而将技术冲突转化为物理冲突（图9.4），实际上，无论车辆是否在道路上行驶，都要在平面上占据一定的面积，而车辆不行驶时，进入停车场后，不占据道路的位置，物理冲突由此便可以提取出来。

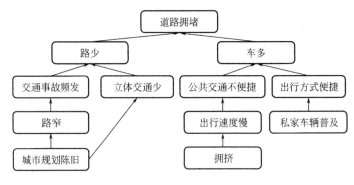

图9.3 因果分析

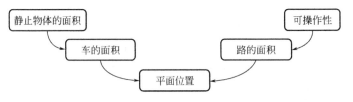

图9.4 将技术冲突转化为物理冲突

在确定物理冲突的同时，回答前文针对空间分离原理应用的问题，即冲突在平面上存在，但在空间中不存在，可以将平面冲突转向空间进行解决。根据汽车的特点，以四个轮子为支撑，行驶在路面上，如果将汽车的轮子加高，是否可以"飞跃"拥堵路段？在立体的空间里，尽管在平面的投影上，道路系统上的子系统汽车还是占据了面积，但这种占据是交叉的，是移动的，不是固定的，因此，可以使用分离原理进行问题的解决方案分析。

解决地面交通的拥堵问题，可以利用物理矛盾的空间分离原理，把平面问题转化为空间问题。在不同的空间维度铺设道路，也就是我们常见的立体交通枢纽——立交桥。如图9.5所示，多层次的轨道交通遍布城市的各个角落，大大缓解了交通压力。

图 9.5 立交桥从空间分离原理上缓解交通压力

9.2.3.2 时间分离原理

时间分离原理，指将冲突双方在不同的时间段上分离，以降低解决问题的难度。当关键子系统冲突双方在某一时间段上只出现一方时，时间分离是可能的。应用该原理时，首先应回答如下问题：

是否冲突一方在整个时间段中"正向"或"负向"变化？

在时间段中冲突的一方是否可不按一个方向变化？

如果冲突的一方可不按一个方向变化，利用时间分离原理是可能的。

例如，加工中心用快速夹紧机构在机床上加工一批零件时，夹紧机构首先在一个较长的行程内进行适应性调整，加工零件时要在短行程内快速夹紧与快速松开以提高工作效率。同一子系统既要求快速又要求慢速，出现了物理冲突。

因为在较长的行程内适应性调整与在之后的短行程快速夹紧与松开发生在不同的时间段，可直接应用时间分离原理来解决冲突。

再比如，折叠式自行车在骑行时体积较大，在储存时因已折叠体积变小。骑行与储存发生在不同的时间段，因此采用了时间分离原理。

飞机机翼在起飞、降落与在某一高度正常飞行时几何形状发生变化，这种变化亦采用了时间分离原理。

9.2.3.3 基于条件的分离原理

基于条件的分离原理，指将冲突双方在不同的条件下分离，以降低解决问题的难度。当关键子系统的冲突双方在某一条件下只出现一方时，基于条件分离是可能的。应用该原理时，首先应回答如下问题：

是否冲突一方在所有的条件下都要求"正向"或"负向"变化？

在某些条件下，冲突的一方是否可不按一个方向变化？

如果冲突的一方可不按一个方向变化，利用基于条件的分离原理是可能的。

例如，在水与跳水运动员所组成的系统中，水既是硬物质，又是软物质。这主要取决于运动员入水时的相对速度和相对角度。相对速度高，入水角度小，水是硬物质，反之是软物质。

例如，水射流既是硬物质，又是软物质，取决于水射流的速度。

再比如，对输水管路而言，冬季如果水结冰，管路将被冻裂。采用弹塑性好的材料制造管路可解决该问题。

9.2.3.4 总体与部分的分离原理

总体与部分的分离原理，指将冲突双方在不同的层次上分离，以降低解决问题的难度。当冲突双方在关键子系统的层次上只出现一方，而该方在子系统、系统或超系统层次上不出现时，总体与部分的分离是可能的。

例如，自行车链条微观层面上是刚性的，宏观层面上是柔性。

再比如，自动装配生产线与零部件供应的批量化之间存在着冲突。自动装配生产线要求零部件连续供应，但零部件从自身的加工车间或供应商运到装配车间时要求批量运输。专用转换装置接受批量零部件，可以连续地将零部件输送给自动装配生产线。

9.3 技术冲突及其解决原理

9.3.1 技术冲突的概念及工程实例

技术冲突，指一个作用同时导致有用及有害两种结果，也可指有用作用的引入或有害效应的消除导致一个或几个子系统或系统变坏。技术冲突常表现为一个系统中两个子系统之间的冲突。技术冲突可以用以下几种情况加以描述：

① 一个子系统中引入一种有用功能后，导致另一个子系统产生一种有害功能，或加强了已存在的一种有害功能。

② 一种有害功能导致另一个子系统有用功能的变化。

③ 有用功能的加强或有害功能的减少使另一个子系统或系统变得更加复杂。

例如，波音公司改进737的设计时，需要将使用中的发动机改为功率更大的发动机。发动机功率越大，工作时需要的空气就越多，发动机机罩的直径就必须增大。而发动机机罩的直径增大，机罩离地面的距离就会减少，但该距离的减小在设计中是不允许的。

上述的改进设计中出现了一个技术冲突，即希望发动机吸入更多的空气，但是不希望发动机机罩与地面的距离减小。

例如，目前自行车车闸总成很容易受到天气的影响，下雨天，瓦圈表面与闸皮之间的摩擦系数降低，减小了摩擦力，降低了骑车的安全性。其中一种改进设计是应用可更换闸皮，即有两种闸皮，好天气用一种，雨天换为另一种。

因此，设计中的技术冲突就是将闸皮设计成可更换型，增加骑车的安全性，但必须备有待更换的闸皮，使操作更复杂。

再例如，实际使用中希望斜拉桥能承受的物体重量越大越好，但重量太大有可能超过桥的强度所允许的最大范围，也将降低桥的安全性。因此，存在强度和重量之间的技术冲突。

9.3.2 技术冲突的一般化处理

通过对 250 万件专利的详细研究，TRIZ 提出用 39 个通用工程参数描述冲突。实际应用中，首先要把组成冲突的双方内部性能用 39 个通用工程参数中的 2 个来表示。目的是把实际工程设计中的冲突转化为一般的或标准的技术冲突。

9.3.2.1 通用工程参数

在 39 个通用工程参数中常用到运动物体（Moving objects）与静止物体（Stationary objects）两个术语，分别介绍如下：

运动物体，指自身或借助外力可在一定的空间内运动的物体。

静止物体，指自身或借助外力都不能使其在空间内运动的物体。表 9.4 是 39 个通用工程参数的汇总。

表 9.4　39 个通用工程参数的汇总

序号	名称	意义
1	运动物体的重量	在重力场中运动物体所受到的重力。如运动物体作用于其支撑或悬挂装置上的力
2	静止物体的重量	在重力场中静止物体所受到的重力。如静止物体作用于其支撑或悬挂装置上的力
3	运动物体的长度	运动物体的任意线性尺寸，不一定是最长的，都认为是其长度
4	静止物体的长度	静止物体的任意线性尺寸，不一定是最长的，都认为是其长度
5	运动物体的面积	运动物体内部或外部所具有的表面或部分表面的面积
6	静止物体的面积	静止物体内部或外部所具有的表面或部分表面的面积
7	运动物体的体积	运动物体所占的空间体积
8	静止物体的体积	静止物体所占的空间体积
9	速度	物体的运动速度、过程或活动与时间之比
10	力	力是两个系统之间的相互作用。对于牛顿力学，力等于质量与加速度之积，在 TRIZ 中，力是试图改变物质状态的任何作用
11	应力或压力	单位面积上的力
12	形状	物体外部轮廓或系统的外貌
13	结构的稳定性	系统的完整性及系统组成部分的时间的关系。磨损、化学分解及拆卸都降低稳定性
14	强度	强度是指物体抵抗外力作用使之变化的能力
15	运动物体作用的时间	运动物体完成规定动作的时间、服务期。两次误动作之间的时间也是作用时间的一种度量
16	静止物体作用的时间	静止物体完成规定动作的时间、服务期。两次误动作之间的时间也是作用时间的一种度量
17	温度	物体或系统所处的热状态，包括其他热参数，如影响温度变化速度的热容量

续表

序号	名称	意义
18	光照度	单位面积上的光通量,系统的光照特性,如亮度、光线质量
19	运动物体的能量	能量是物体做功的一种度量。在经典力学中,能量等于力与距离的乘积。能量也包括电能、热能及核能等
20	静止物体的能量	能量是物体做功的一种度量。在经典力学中,能量等于力与距离的乘积。能量也包括电能、热能及核能等
21	功率	单位时间内所做的功,即利用能量的速度
22	能量损失	做无用功的能量。为了减少能量损失,需要不同的技术来改善能量的利用
23	物质损失	部分或全部、永久或临时的材料、部件或子系统等物质的损失
24	信息损失	部分或全部、永久或临时的数据损失
25	时间损失	时间是指一项活动所延续的时间间隔。改进时间的损失指减少一项活动所花费的时间
26	物质或事物的数量	材料、部件及子系统等的数量,它们可以被部分或全部、临时或永久的改变
27	可靠性	系统在规定的方法及状态下完成规定功能的能力
28	测试精度	系统特征的实测值与实际值之间的误差。减少误差将提高测试精度
29	制造精度	系统或物质的实际性能与所需性能之间的误差
30	物体外部有害因素作用的敏感性	物体对受外部或环境中的有害因素作用的敏感程度
31	物体产生的有害因素	有害因素将降低物体或系统的效应,或完成功能的质量。这些有害因素是由物体或系统操作的一部分而产生的
32	可制造性	物体或系统制造过程中简单、方便的程度
33	可操作性	要完成操作应需要较少的操作者、较少的步骤以及使用尽可能简单的工具。一个操作的产出要尽可能多
34	可维修性	对系统可能出现的失误进行维修要时间短、方便和简单
35	适应性及多用性	物体和系统响应外部变化的能力,或应用于不同条件下的能力
36	装置的复杂性	系统中元件数目及多样性,如果用户也是系统中的元素将增加系统的复杂性。掌握系统的难易程度是其复杂性的一种度量
37	监控与测试的困难程度	如果一个系统复杂、成本高、需要较长的时间建造及使用,或部件与部件之间关系复杂,都会使系统监控与测试困难。测试精度高,增加了测试的成本,也是测试难度的一种标志
38	自动化程度	系统或物体在无人操作的情况下完成任务的能力。自动化程度的最低级别是完全人工操作。最高级别是机器能自动感知所需的操作、自动编程和对操作自动监控。中等级别的需要人工编程、人工观察正在进行的操作、改变正在进行的操作及重新编程
39	生产率	单位时间内所完成的功能或操作数

为了应用方便,上述39个通用工程参数可分为如下三类。

① 通用物理及几何参数:NO.1~12,NO.17~18,NO.21。

② 通用技术负向参数：NO.15～16，NO.19～20，NO.22～26，NO.30～31。

③ 通用技术正向参数：NO.13～14，NO.27～29，NO.32～39。

负向参数（Negative parameters）是指这些参数变大时，使系统或子系统的性能变差。如子系统为完成特定的功能所消耗的能量（NO.19～20）越大，则设计越不合理。

正向参数（Positive parameters）指这些参数变大时，使系统或子系统的性能变好。如子系统可制造性（NO.32）指标越高，子系统制造成本就越低。

9.3.2.2 应用实例

例如，很多铸件或管状结构是通过法兰连接的，机器或设备维护时，法兰连接处常常要被拆开。有些连接处还要承受高温、高压，并要求密封性良好。有的重要法兰需要很多个螺栓连接，如一些汽轮机械的法兰需要100多个螺栓连接。但为了减轻重量、减少安装时间或维护时间、减少拆卸的时间，希望螺栓数越少越好。传统的设计方法是在螺栓数目与密封性之间取得折中方案。

分析可发现本例存在的技术冲突是：

① 如果密封性良好，则操作时间变长且结构的质量增加。

② 如果质量减小，则密封性变差。

③ 如果操作时间短，则密封性变差。

按39个通用工程参数描述如下。

希望改进的特性：

① 静止物体的重量。

② 可操作性。

③ 装置的复杂性。

三种特性改善将导致如下特性的降低：

① 结构的稳定性。

② 可靠性。

9.3.2.3 技术冲突与物理冲突

技术冲突总是涉及两个基本参数A与B，当A得到改善时，B变得更差。物理冲突仅涉及系统中的一个子系统或部件，而对该子系统或部件提出了相反的要求。往往技术冲突内隐含着物理冲突，有时物理冲突的解比技术冲突的解更容易获得。

例如，用化学的方法为金属表面镀层的过程如下：金属制品放置于充满金属盐溶液的池子中，溶液中含有镍等金属元素；在化学反应过程中，溶液中的金属元素凝结到金属制品表面形成镀层。温度越高，镀层形成的速度越快，但温度越高有用的元素沉淀到池子底部与池壁的速度也越快；温度低又大大降低生产率。

该问题的技术冲突可描述为：两个通用工程参数即生产率（A）与材料浪费率（B）之间的冲突。如加热溶液使生产率（A）提高，同时材料浪费率（B）增加。

为了将该问题转化为物理冲突，选温度作为另一参数（C）。物理冲突可描述为：溶液温度（C）增加，生产率（A）提高，材料浪费率（B）增加；反之，生产率（A）降低，材料浪费率（B）减少；溶液温度既应该高，以提高生产率，又应该低，以减少材料消耗。

例如，前面提到的波音公司改进737设计的过程中，出现的一个技术冲突：既希望发动机吸入更多的空气，但又不希望发动机机罩与地面的距离减少。

现将该技术冲突转变为物理冲突：发动机机罩的直径应该加大，以吸入更多的空气，但机罩直径又不能加大，以使路面与机罩之间的距离不减少。

9.3.3 技术冲突的解决原理

9.3.3.1 概述

在技术创新的历史中，人类已完成了很多产品的设计，一些设计人员或发明家已经积累了很多发明创造的经验。进入21世纪，设计创新已逐渐成为企业市场竞争的焦点。为了指导技术创新，一些研究人员总结了前人发明创造的经验。这种经验的总结分为两类：适于本领域的经验（第一类经验）和适于不同领域的通用经验（第二类经验）。

第一类经验主要由本领域的专家、研究人员总结，或与这些人员讨论并整理总结出来的。这些经验对指导本领域的产品创新有一定的参考意义，但对其他领域的创新意义不大。

第二类经验由专门研究人员对不同领域已有的创新成果进行分析、总结，得到具有普遍意义的规律，这些规律对指导不同领域的产品创新有重要的参考价值。

TRIZ的技术冲突解决原理属于第二类经验，这些原理是在分析大量世界专利的基础上提出的。通过对专利的分析，TRIZ研究人员发现，在以往不同领域的发明中所用到的规则（原理）并不多，不同时代的发明，不同领域的发明，反复采用这些规则（原理）。每条规则（原理）并不限定于某一领域，它融合了物理的、化学的、几何的和各工程领域的原理，适用于不同领域的发明创造。

9.3.3.2 40条发明创造原理

在对世界专利进行分析研究的基础上，TRIZ提出了40条发明创造原理，如表9.5所示。实践证明，这些原理对于指导设计人员发明创造、创新具有非常重要的作用。下面将对各条发明创造原理进行详细介绍。

表 9.5　40条发明创造原理

序号	原理名称	序号	原理名称	序号	原理名称	序号	原理名称
1	分割	11	预补偿	21	紧急行动	31	多孔材料
2	分离	12	等势性	22	变有害为有益	32	改变颜色
3	局部质量	13	反向	23	反馈	33	同质性
4	不对称	14	曲面化	24	中介物	34	抛弃与修复
5	合并	15	动态化	25	自服务	35	参数变化
6	多用性	16	未达到或超过的作用	26	复制	36	状态变化
7	嵌套	17	维数变化	27	低成本、不耐用的物体替代贵重、耐用的物体	37	热膨胀
8	质量补偿	18	振动	28	机械系统的替代	38	加速强氧化
9	预加反作用	19	周期性作用	29	气动与液压结构	39	惰性环境
10	预操作	20	有效作用的连续性	30	柔性壳体或薄膜	40	复合材料

(1) 分割原理

① 将一个物体分成相互独立的部分。

如用多台个人计算机代替一台大型计算机完成相同的功能；用一辆卡车加一辆拖车代替一辆载量大的卡车；在工厂规划时，将用于办公的设备和用于生产的设备分开设计。

② 使物体分成容易组装及拆卸的部分。

如组合夹具是由多个零件拼装而成的；花园中浇花用的软管系统，可根据需要通过快速接头连接成所需的长度；食品袋上特制小口以方便打开；将集成电路和无源元件组装成多芯片模型。

③ 增加物体相互独立部分的程度。

如用百叶窗代替整体窗帘；用粉状焊接材料代替焊条改善焊接结果；将两层的酸乳酪改制成三层的酸乳酪。

例如，模块化插座的设计，如图 9.6 所示。说到插座，每个人都可能会有需求。需求有两个，一个是插孔要够多，另一个是插孔要能根据自己的需求进行组合。有些人需要三孔多的，有些人需要两孔多的，还有些人需要有 USB 接口的。Casitoo 组合式模块化插座能让用户根据喜好或需要自己组装。这款插座至少能提供的模块包括两孔插座、三孔插座、USB 充电口、蓝牙音箱、无线充电模块和有线网卡模块等。而所有的模块中，智能模块最吸引用户注意，这个模块能提供远程管理功能，比如说，使用者希望自己家的台灯能在进屋前自动打开，那么他可以将台灯插在这款插座上，然后把这款插座与智能模块相连，最后就能通过互联网在手机上进行开关操作了。

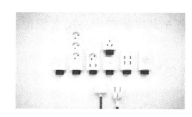

图 9.6 采用"分割原理"的模块化插座的设计

(2) 分离原理

① 将一个物体中的"干扰"部分分离出去。

如在机场环境中，为了驱赶各种鸟，播放刺激鸟类的声音是一种方便的方法，这种特殊的声音使鸟与机场分离；将产生噪声的空气压缩机放于室外；利用犬吠声而不用真的狗作警报；在办公大楼中用玻璃隔离噪声。

② 将物体中的关键部分挑选或分离出来。

将离子培植中的离子分离；将晶片工厂中存储铜的区域与其他区域隔离；

例如，在利用风能时的一个最大缺陷就是很多能量都被移动组件间的摩擦力消耗了。利用磁铁系统减小摩擦力，同时让涡轮机的旋转零件处于悬浮状态，这种设计不仅能提高能效，而且比传统的风电厂占据更少空间。这种特殊的移动方式使磁悬浮风轮机可以旋转并在风速极低的情况下发电，与风电厂的传统涡轮形成鲜明对比，如图 9.7 所示。

图 9.7 使用"分离原理"设计的磁悬浮风轮机

(3) 局部质量原理

① 将物体或环境的均匀结构变成不均匀结构。

如用变化的压力、温度或密度代替定常的压力、温度或密度;饼干和蛋糕上的糖衣。

② 使组成物体的不同部分完成不同的功能。

如午餐盒被分成放热食、冷食及液体的空间,每个空间功能不同;烤箱有不同的温度挡,不同的食物可以选择不同的温度来加热。

③ 使组成物体的每一部分都最大限度地发挥作用。

如带有橡皮的铅笔,带有起钉器的榔头,瑞士军刀(带有多种常用工具,如螺丝起子、尖刀、剪刀等);电视电话集电话、上网、电视功能于一体。

例如,为了减少煤矿装卸机中的粉尘,安装洒水的锥形容器。喷出的水滴越小,消除粉尘的效果就越明显,但是微小的水滴妨碍了正常的工作。解决方案就是产生一层大颗粒水滴,使其环绕在微小锥形水滴附近。

例如,多用免触摸水龙头(图 9.8),Miscea 制造的多用免触摸水龙头(Miscea Touch-

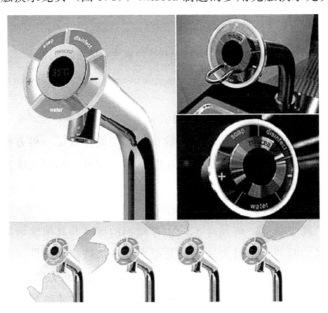

图 9.8 多用免触摸水龙头

less Faucet）的造型很别致。它没有开关，出水口的旁边只有一个高科技感十足的感应盘。感应盘被划分成了几个区域，上面分别标着 soap（洗手液）、disinfect（消毒液）、water（水），以及"＋"和"－"控制区。感应盘的中间是一个液晶显示屏。

首先，感应盘是免触摸的。也就是说，使用者把手指悬在相应区域的上方一段时间就能启动相应的功能；其次，它可以按照需求喷出洗手液、消毒液和水三种液体。这意味着对手的清洁工作将变得异常简单：先让它喷出洗手液或消毒液，再喷出普通水冲洗即可。最后，它还能调节水的温度。"＋"和"－"两个区域就是温度控制区，调节的效果可以即时地显示在感应盘中间的液晶显示屏上。如果预定的 35℃太凉，把手指悬在"＋"控制区上，温度会自动增加。

（4）不对称原理

① 将物体形状由对称变为不对称。

如不对称搅拌容器，或对称搅拌容器中的不对称叶片；为增强混合功能，在对称的容器中用非对称的搅拌装置进行搅拌（水泥搅拌车，蛋糕搅拌机）；将 O 形圈的截面形状改为其他形状，以改善其密封性能；在圆柱形把手两端做一个平面用以将其与门、抽屉等固连；非圆形截面的烟囱可以减少风对其的拖拽力。

② 如果物体是不对称的，增加其不对称的程度。

如为提高焊接强度，将焊点由原来的圆形改为椭圆形或不规则形状；用散光片聚光。

在机械设计中经常采用对称性原理，对称是传统上很多零部件的实现形式。实际上，设计中的很多冲突都与对称有关，将对称变为不对称就能解决很多问题。

例如，轮胎的一侧总比另一侧制造的牢固，这样就可以有效承受路缘的冲击。

例如，使用一个形状对称的漏斗卸载湿沙，在漏斗口处湿沙很容易形成一种拱形体，造成一种不规则的流动。形状不对称的漏斗就不会存在这种拱形效应。

例如，荷兰设计团体 nieuweheren 的作品，将灯具与椅子集成一体，命名为 the poet。其中图 9.9（a）中灯具位于椅子右侧，象征右手诗人 William Blake（威廉·布莱克），图 9.9（b）中椅子则象征左手诗人 K. Wgoethe（歌德）。the poet 的折叠特性使其在展开时可作为椅子，折叠时又可作为落地灯且节省空间，如图 9.9 所示。

(a) (b) (c) (d)

图 9.9 具有不对称结构的两色款灯具椅——the poet

(5) 合并原理

① 在空间上将相似的物体连接在一起,使其完成并行的操作。

如网络中的个人计算机;并行计算机中的多个微处理器;安装在电路板两面的集成电路;通风系统中的多个轮叶;安装在电路板两侧的大量的电子芯片;超大规模集成芯片系统;双层/三层玻璃窗。

② 在时间上合并相似或相连的操作。

如同时分析多个血液参数的医疗诊断仪;具有保护根部功能的草坪割草机。

例如,旋转开凿机的回转头上有一个特制的水蒸气喷嘴,用来除霜,软化冻结的土地。

例如,美国汽车制造商福特汽车公司日前成功研发出世界上第一个充气式安全带(图 9.10),一旦发生车祸,它可以在 40ms 内做出反应。给予乘客更高安全性的充气式安全带,类似安全气囊,在撞车时会自动充气,福特汽车公司把这种安全带安装在了车辆的后排位置。专家称,充气式安全带对防止儿童出现肋骨折断、内伤和瘀伤等问题尤为有效。身体虚弱和年老的乘客同样会受益于这种安全带。此发明将传统的安全带和安全气囊合二为一:圆柱形气囊从搭扣伸出固定住肩膀,里面装入一个缝有安全带的气袋。90% 以上接受测试的志愿者表示,充气式安全带类似于传统安全带,但比传统安全带更舒适。一旦发生车祸,后排位置的乘客经常会骨折,但充气式安全带有助于降低乘客骨折的风险,相比传统前座安全带,充气式安全带气囊充气过程更轻柔、快速。

图 9.10 世界上第一个充气式安全带

(6) 多用性原理

使一个物体能完成多项功能,可以减少原设计中完成这些功能的物体的数量。如装有牙膏的牙刷柄;能用作婴儿车的儿童安全座椅;用能够反复密封的食品盒作储藏罐;集成电路包装底层的多功能性。

例如,小型货车的座位通过调节可以实现多种功能:坐、躺、支撑货物。

例如,地铁楼梯做成钢琴键盘,踩踏后可发出音乐。

为了改变人们的生活方式,德国大众公司推出一款音乐楼梯(图 9.11),并率先在瑞典首都斯德哥尔摩的地铁站试运行。大众公司希望通过音乐楼梯吸引更多的上下班的人们爬楼梯而不是乘电梯，从而加强锻炼。新颖的音乐楼梯被设计成一个巨大的钢琴键盘，每走上一级阶梯就会产生一个乐符。自从推出音乐楼梯，上下班时不少行人愿意选择爬楼梯，通过上下楼梯感受音乐带来的运动快感。调查发现，在试运行音乐楼梯的地铁站内，选择爬楼梯的人比乘电梯的人多了 66%。一些人还把自己上下楼梯的视频上传到 YouTube 上，展示自己创造的乐曲。大众公司的发言人说："娱乐可以让人改变行为方式，我们称其为快乐理念。"

图 9.11　踩踏阶梯可发出美妙音乐的音乐楼梯

（7）嵌套原理

① 将第一个物体放在第二个物体中，将第二个物体放在第三个物体中，以此类推。如儿童玩具不倒翁；套装式油罐，内罐装黏度较高的油，外罐装黏度较低的油；嵌套量规、量具；俄罗斯洋娃娃（里面还有许多玩具）；微型录音机（内置话筒和扬声器）。

② 使一个物体穿过另一个物体的空腔。如收音机的伸缩式天线、伸缩式钓鱼竿、汽车安全带卷收器、伸缩教鞭、变焦透镜、飞机紧急升降梯、着陆轮。

例如，为了储藏，可以把一把椅子放在另一把椅子上面。

例如，笔筒里放有铅芯的自动铅笔。

例如，现实版的"钢铁战士"。两条金属下肢托举着一套环形护腰，紧接着在下肢的膝关节和脚掌处安装着两副护膝和踏板（图 9.12）。这套单兵负重辅助系统是根据昆虫外骨骼的仿生学原理研制而成的。未来战场上，士兵的携行装具越来越多、越来越重，可人体的体能和负重能力却是有限的。研发这套单兵负重辅助系统，能使人体骨骼的承重减少 50% 以上，让普通士兵成为大力士。在战场上，如果一支行军时速 20km/h，能够在夜间精确定位，负载 100kg 以上各种信息化装备的外骨骼机器人部队投入战斗，而对手是传统意义上的步兵，这将会获得极大的战场优势。其实，外骨骼机器人技术在许多领域都有着很好的应用前景：在民用领域，外骨骼机器人可以广泛应用于登山、旅游、消防、救灾等需要背负沉重的物资、装备而车辆又无法使用的情况；在医疗领域，外骨骼机器人可以用于辅助残疾人、老年人及下肢肌无力患者行走，也可以帮助他们进行强迫性康复运动等，具有很好的发展前景。其中最受大家关注的还是它在军事领域的应用。

图 9.12　嵌套的单兵负重辅助系统

(8) 质量补偿原理

① 用另一个能产生提升力的物体补偿第一个物体的重力。

如在圆木中注入发泡剂，使其更好地漂浮；用气球携带广告条幅。

② 通过与环境相互作用产生空气动力或液体动力补偿第一个物体的重力。

例如，飞机机翼的形状使其上部空气压力减小，下部压力增加，以产生提升力；船在航行过程中船身浮出水面，以减小阻力。

例如，背包式水上飞行器（图9.13）。背上这款水上飞行器（JetLev-Flyer）就可以在水上自由飞行。类似背包的飞行器向下喷射出两条水柱，可以使人飞离水面约9m高，最快时速可达100km/h。水管连接的一个貌似小船的漂浮设备为飞行器输送动力，可以使飞行器连续全速飞行1h左右。不难看出，JetLev-Flyer很容易操控，能够前进、左右转、上升下降自由飞行。并且设计者声称这款飞行器的危险系数跟篮球运动的危险系数差不多。

图 9.13　背包式水上飞行器

(9) 预加反作用原理

① 预先施加反作用。

如缓冲器能吸收能量，减少冲击带来的负面影响；在做核试验之前，工作人员佩带防护装置，以免受射线损伤。

② 如果一物体处于或将处于受拉伸状态，预先增加压力。

在浇混凝土之前，对钢筋进行预压处理。

例如，酸碱中和时预置缓冲期，以释放反应中的热量。

例如，加固轴是由很多管子做成的，这些管子之前都已经扭成一定角度。

尼尔斯·博林并不被很多人熟知，但他的一项伟大发明却是我们再熟悉不过的了，那就是有着半个世纪历史的三点式安全带（图9.14）。三点式安全带的出现为驾乘者营造了一个更为安全的驾车乘车环境，无数人因此在车祸中幸免。在这半个世纪时间里，三点式安全带已挽救了约100万人的生命。当前，全球在公路上行驶的汽车总量约有6亿，反应迟钝、酒后驾车以及粗心大意的驾驶者大有人在，基于这些事实，我们可能对这个数字有些吃惊，预想中的数字似乎远远超过100万。在汽车发展史上，安全带为提高驾车乘车安全系数所作的贡献是最大的，虽然在"生命拯救者"的比赛成绩中，它的排名要落后于青霉素或者消毒外科手术的排名。安全带的基本功能是：防止驾驶员撞向方向盘或者后面的乘客将巨大的冲击力（相当于一头奔跑的大象具有的能量）转移到前面的人身上；防止驾驶员和乘客在发生事故时被抛出车外。由于使用安全带，碰撞导致的死亡和受伤风险至少降低了50%。时至今日，在每一辆现代汽车上几乎都可以看到三点式安全带的身影。传统的三点式安全带（胸部以及大腿前部分别被两条带子固定）是沃尔沃公司发明的。

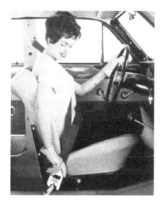

图9.14　三点式安全带和它的发明者

（10）预操作原理

① 在操作开始前，使物体局部或全部产生所需的变化。

如预先涂上胶的壁纸；在手术前为所有器械杀菌；不干胶粘贴；在将蔬菜运到食品制造厂前对其进行预处理（即切成薄片、切成方块等）；在印制电路板中用预先制造的胶片连接各碎片。

② 预先对物体进行特殊安排，使其在时间上有准备，或处于易操作的位置。

如柔性生产单元；灌装生产线中使所有瓶口朝一个方向，以提高灌装效率；厨师按照食谱中所写的详细顺序进行烹调。

例如，装在瓶子里胶水用起来很不方便，因为很难做到涂层干净、均匀。如果我们预先把胶水挤在一个纸袋上,那么适量的胶水要涂得比较均匀、干净就是一件很容易的事。

例如,再大的风也吹不掉的衣架(图 9.15)。衣架每家每户都有,但有个问题却一直没有解决,就是把衣服晾在外面,如果起风,通常的衣架很可能会被吹落,导致衣服掉到地上。现在,法国设计师 Serge Atallah 终于解决了这个问题,这便是再大的风也无法吹落的 Push 衣架。线条非常简洁、流畅,而最大的改进是衣架的挂钩部分,变成了一种别针般的结构,可以自动锁住,同时用手一握就能打开,也只有在这种情况下才能将衣架从晾衣竿上面取下。好处是风再大也不会让衣架掉地上了,坏处是没法使用撑衣竿了,因此只适用于衣橱或者晾衣竿触手可及的晾晒场所。

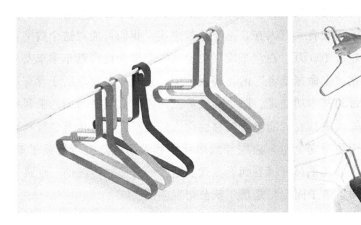

图 9.15 应用"预操作原理"实现吹不掉的衣架

(11) 预补偿原理

采用预先准备好的应急措施补偿物体相对低的可靠性。如飞机上的降落伞;胶卷底片上的磁性条可以弥补曝光度不足;航天飞机的备用输氧装置。

例如,商场中的商品印上磁条可以防止被窃;应急手电(图 9.16)。

在 2011 年的日本大地震之后,日本的企业都努力去研发和生产那些能应急、能救命的产品,这款应急手电,就是在这种背景下产生的最新成果。来自松下的这款应急手电最大的特点就是任何尺寸的干电池都可以被使用,无论是 1 号、2 号、5 号或者 7 号,只要能找到

图 9.16 应急手电

的干电池,都能塞进去并且使用。而且,可以同时将这 4 种电池一起塞进去(这时,可以通过一个开关来选择使用其中某种电池),也可以只塞 1 粒,哪怕是 7 号电池,它都能正常工作。应急手电采用 LED 光源,松下给出的数据是,如果同时塞入 4 种尺寸的电池各 1 粒(也就是说,里面有 4 节电池),那么最长可以连续工作 86h。

(12) 等势性原理

改变工作条件,使物体不需要被升级或降低。如与冲床工作台高度相同的工件输送带,将冲好的零件输送到另一工位;工厂中的自动送料小车;汽车制造厂的自动生产线和与之配套的工具。

例如,汽车底盘各部件上的润滑油是工人站在长形地沟里涂上去的,这样就可避免使用专用提升机构;自走式灭火器(图 9.17)。

图 9.17 运用"等势性原理"设计的自走式灭火器

虽然每年都会有各种相关培训教人们如何使用放置在楼梯间的灭火器,但是,当紧急情况发生时,很少有人能保证自己冲过去可以扛起灭火器回来救火。毕竟灭火器本身很重,有些臂力不足的人万一拎不动可怎么办?于是一款叫做 O-Extinguisher 的滚筒式灭火器诞生了,它用自己圆滚滚的轮子解决了体弱者的问题,它看起来有些像吸尘器,那些灭火用的干粉就装在它的滚筒里,喷射管做成了可伸缩设计,就缠绕在灭火器的滚轴上,遇到紧急情况时,可以拖着灭火器快速冲向事发现场,抽出喷射管就地灭火。由于滚轮式设计行动方便,也解决了普通干粉式灭火器的干粉容量问题,大滚轮里显然可以储存更多干粉,使 O-Extinguisher 在灭火时喷射时间更持久。

(13) 反向原理

① 将一个问题说明中规定的操作改为相反的操作。如为了拆卸处于紧配合的两个零件,采用冷却内部零件的方法,而不采用加热外部零件的方法。

② 使物体中的运动部分静止,静止部分运动。如使工件旋转,刀具固定;扶梯运动,乘客相对扶梯静止;健身器材中的跑步机。

③ 使一个物体的位置倒置。如将一个部件或机器总成翻转,以安装紧固件。从罐子中取出豆类时,罐口朝下就可以将豆类倒出了。

例如,翻砂清洗零部件是通过振动零部件实现的,而不是使用研磨剂。

例如，倒着灌装啤酒的啤酒机（图9.18），这款啤酒机能将啤酒从杯子的底部往上灌。杯子底部其实有个磁控阀门，啤酒倒着灌，不但激起的泡沫更少，而且一灌满就能自动停止，一点也不会溢出。

图9.18　倒着灌装啤酒的啤酒机

（14）曲面化原理

① 将直线或平面部分用曲线或曲面代替，方形用球形代替。如为了增加建筑结构的强度，采用拱形和圆弧形结构。

② 采用辊、球和螺旋。如斜齿轮可提供均匀的承载能力；笔尖采用球型为钢笔增加了墨水的均匀程度；千斤顶中的螺旋机构可产生很大的升举力。

③ 用旋转运动代替直线运动，可以产生离心力。如鼠标采用球形结构产生计算机屏幕内光标的运动；洗衣机采用旋转产生离心力的方法，去除湿衣服中的部分水分；在家具底部安装球形轮，以利移动。

例如，弧形的开关插座（图9.19）。众所周知，家里的电器即使是在待机状态下也是耗电的，所以不用时最好将插头拔出来；如果出远门的话，为了不留安全隐患，更应该彻底关闭所有电源。但往往人们并没有这么做，因为很多插座设置在不易靠近的角落，插拔很费事，没有人想每天搬沙发拖柜子移冰箱。而且反复插拔容易导致插座松动、坏死或者积累灰尘，一排插孔就只剩下一两个能正常使用的。这时人们往往需要的正是这款单手就能操作的

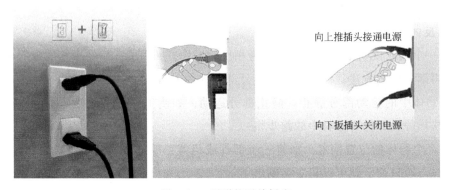

图9.19　弧形的开关插座

开关插座（Clack Plug），它能轻易地解决以上困扰。它的设计概念是将插座、插头与开关三合为一，当电器插上插座时，往上推插头就是开，往下扳插头就是关。如此一来，即使插座设置在床下或大家电背后等难以触摸到的地方，也可以轻轻松松关闭电源，而且，把插头孔的部分做成了曲面化的形状，便于插、拔的操作，更人性化。这款开关插座因此获得了2014年IF概念设计奖。

(15) 动态化原理

① 使一个物体或其环境在操作的每一个阶段自动调整，以达到优化的性能。如可调整方向盘；可调整座椅；可调整反光镜；飞机中的自动导航系统。

② 把一个物体划分成具有相互关系的多个元件，元件之间可以改变相对位置。如计算机蝶形键盘；装卸货物的铲车，通过铰链连接的两个半圆形铲斗，可以自由开闭，装卸货物时铲斗张开，移动时铲斗闭合。

③ 如果一个物体是静止的，使之变为运动的或可改变的。如检测发动机用柔性光学内孔件检测技术；医疗检查中挠性肠镜的使用。

例如，手电筒的灯头和筒身之间有一个可伸缩的鹅颈管。

又如，运输船的船身是圆柱形的。为了减小船满载时的吃水深度，船身一般由可以打开铰接的半圆柱构成。

再如，会跑的坦克音乐播放器（图9.20）。Mintpass推出新作——一款坦克音乐播放器Mint Tank Music Player。不仅外表看上去十分时尚讨喜，而且还能靠坦克履带到处移动，使用者可以通过无线蓝牙设备远程控制。其自带的两个扬声器也有不错的音质效果，如果碰到同伴，它们还能协同播放乐曲，想想那满屋跑的3D环绕效果还真是让人期待。

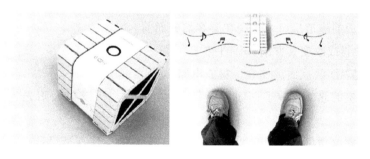

图9.20 会跑的坦克音乐播放器

(16) 未到达或超过的作用原理

若100%达到所希望的效果是困难的，稍微未达到或稍微超过预期的效果将大大简化问题。

如缸筒外壁需要刷漆时，可将缸筒浸泡在盛漆的容器中完成，但取出缸筒后，其外壁粘漆太多，通过快速旋转可以甩掉多余的漆。

例如，为了从储藏箱里均匀卸载金属粉末，送料斗里有一个特殊的内部漏斗，这个漏斗一直保持满溢状态，以提供持续的压力。

例如，未完成的船（图9.21）。依托河流所制造的船如果太大就不能穿过桥梁，那么怎么让它驶入大海？根据原理16未达到或超过的作用，建议先将未完成的船（没有上部结构）驶过桥梁，而船的上部结构通过公路运送到港口，并安装到船的甲板上。

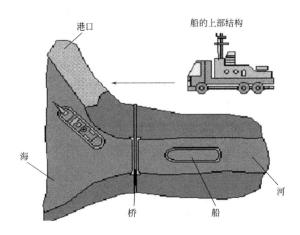

图9.21　未完成的船

（17）维数变化原理

① 将一维空间中运动或静止的物体变成二维空间中运动或静止的物体，将二维空间中的物体变成三维空间中的物体。如为了扫描一个物体，使红外线计算机鼠标在三维空间运动，而不是在一个平面内运动；五轴机床的刀具可被定位到任意需要的位置上。

② 将物体用多层排列代替单层排列。如能装6个CD盘的音响不仅增加了连续放音乐的时间，而且增加了选择性；印制电路板的双层芯片。

主题公园中的职员经常从游客面前"消失"，他们通过一条地下隧道来到下一个工作地点，然后通过地面的隧道出口，出现在游客们的面前。

③ 使物体倾斜或改变其方向。如自卸车。

④ 使用给定表面的反面。如叠层集成电路。

例如，在温室的北部安装了凹面反射镜，这样通过白天反射太阳光就可以改善北部的光照。

例如，堆叠式电动汽车（图9.22）。麻省理工学院的设计人员设计出一种堆叠式的轻型（450kg）电动汽车，可从路边的堆放架借出，就像机场的行李车一样，用完之后可将它还回城市内的任何一个堆放架。麻省理工学院将之称为"城市之车"（CityCar，泡状的双座小车，最高时速为88km/h），其原型只有2.5m长，折叠后尺寸更可缩小一半，从而便于进行堆叠。一个传统的停车位可容纳4辆堆叠起来的汽车。预计这种车将很快出现在美国城市中，目前通用公司正在制造原型车。

（18）振动原理

① 使物体处于振动状态。如电动雕刻刀具具有振动刀片；电动剃须刀。

② 如果振动存在，增加其频率，甚至可以增加到超声。如通过振动分选粉末；振动给料机。

图 9.22 堆叠式电动汽车

③ 使用共振频率。如利用超声共振消除胆结石或肾结石。

④ 使用电振动代替机械振动。如石英晶体振动驱动高精度表。

⑤ 使用超声波与电磁场耦合。如在高频炉中混合合金。

例如，当铸模被填满时，使其振动，这样就可以改善流量，提高铸件的结构特性。

例如，可振动的方向盘（图 9.23）。这是一种可振动的方向盘，能提醒分神的司机，使他们专心开车，从而减少交通事故。英国 ARM 公司设计了一种汽车驾驶室相机，可以观察司机的表情，以检测他们是否分神。这种相机位于汽车后视镜，会扫描司机的眼睛，并根据眨眼率来判断司机是否分神。如果认为司机分神，它就会振动方向盘、座位或者发出警报，通过这种方式让司机保持注意力。

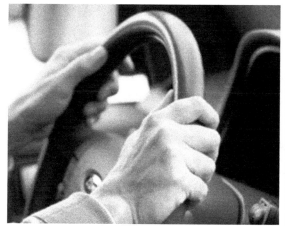 

图 9.23 可振动的方向盘

（19）周期性作用原理

① 用周期性运动或脉动代替连续运动。如使报警器声音脉动变化，代替连续的报警声音；用鼓槌反复地敲击某物体。

② 对周期性的运动改变其运动频率。如通过调频传递信息；用频率调音代替摩尔电码。

③ 在两个无脉动的运动之间增加脉动。如医用呼吸器系统，每压迫胸部 5 次，呼吸 1 次。

例如，用扳钳通过振动的方法就可以拧开生锈的螺母，而不需要持续的力。

例如，报警灯总是一闪一闪，比起持续的发光，这样更能引起人们的注意力。

例如，这款电波充电器（图 9.24），来自设计师 Dennis Siegel 的创意，电波充电器（Electromagnetic Harvester）希望借助这个世界无所不在的"波"来获取电力，而且使用方法非常简单。理论上，把它放在任何地方它都能工作，只是要想获得足够好的效果，仍然需要靠近电磁源。电磁场的强度越强，效果就越好，比如，可以靠近一台工作的咖啡机，或者跑出去站在电线的下面。根据设计师的描述，这款充电器一般能在 1 天内充满一节充电电池——效率听上去比较一般，但是，这个世界几乎所有地方都充斥着各种免费的电磁场，至少，将之用作野外的补充电力，还是非常合适的。据说这款电波充电器将会推出两种频率版本，一种适用于 100Hz 以下的低频磁场，比如交流电附近等；另一种适用于高频磁场，从手机的 GSM 频段（900/1800MHz）到蓝牙和 WLAN（2.4GHz）。

图 9.24 电波充电器

(20) 有效作用的连续性原理

① 不停顿地工作，物体的所有部件都应满负荷地工作。如当车辆停止运动时，飞轮或液压蓄能器储存能量，使发动机处于一个优化的工作点。

② 消除运动过程中的中间间歇。如针式打印机的双向打印，点阵打印机、菊花轮打印机、喷墨打印机。

③ 用旋转运动代替往复运动。

例如，具有切刃的钻床可以实现切割，颠倒方向；持续飞行五年的无人机（图 9.25）。

美国极光飞行公司（Aurora Flight Sciences）正在进行的 Z-Wing 无人机项目，看上去就像是一架 UFO，在人类最先进科技的支持下，它能够在空中连续飞行 5 年，相当于一颗大气层内的同步卫星。配备 9 台电动螺旋桨发动机，采用 Z 形机翼，翼展可达 150m，表面布满太阳能电池。白天，独特的姿态控制系统让 Z-Wing 总是能将自身最多的太阳能电池同时对着日光,最大限度地储存电能。而到了夜间,它又会改变自己的 Z 形结构,拉伸为一条直线(以减少能耗),并保持在 18000~27000m 的高度巡航。目前,极光飞行的科学家们已经做出了完整的设计,预计 5 年内,这架能在天上连续飞行 43800h 的"神器"就能张开翅膀翱翔,并用于通信和环境监测等领域,比如对温室效应的研究以及一些军事目的。

图 9.25 持续飞行 5 年的无人机

(21)紧急行动原理

以最快的速度完成有害的操作。如修理牙齿的钻头高速旋转,以防止牙组织升温;为避免塑料受热变形,高速切割塑料。

例如,摩托车安全服(图 9.26)。众所周知,骑摩托车的危险性较高,尽管头部可以戴上头盔,但是身体其他部位呢?加拿大设计师 Rejean Neron 带来的摩托车安全服(Safety Sphere),也许能解决这个问题。简单地说,这衣服可以近似地理解为一个穿在身上的安全气囊,每次意外发生时,这衣服能在 0.002s 内膨胀成一个气球,将车手包在中间,减少伤害。

图 9.26 摩托车安全服

(22) 变有害为有益原理

① 利用有害因素，特别是对环境有害的因素，获得有益的结果。如利用余热发电；利用秸秆作建材原料；回收物品二次利用，如再生纸。

② 通过与另一种有害因素结合消除一种有害因素。在腐蚀性溶液中加入缓冲性介质；在潜水中使用氮氧混合气体，以避免单用气体造成昏迷或中毒。

③ 加大一种有害因素的程度使其不再有害。如森林灭火时用逆火灭火，"以毒攻毒"。

例如，在寒冷的天气运输沙砾时，沙砾很容易冻结，但过度冻结（使用液氮）可使冰碴易碎，进而使沙砾变得更细。

又如，使用高频电流加热金属时，只有外层金属变热，这个负面效应可以用于需要表面加热的情况。

再如，吃垃圾就能发光的路灯（图9.27）。设计师 Haneum Lee 带来的吃垃圾就能发光照明的路灯，工作原理很简单，相当于一个微缩版的沼气池。路灯下面是垃圾桶，将生活垃圾倒入后，垃圾将在这个特别的垃圾桶中发酵，产生甲烷，然后甲烷再被输送至路灯顶部，用于照明，发酵之后的垃圾，还可以作为堆肥用于城市绿化。当然，尚不清楚这样的一盏路灯每天需要吃进多少垃圾才能维持运转，但是，如果技术能够实现，让每一栋楼周边的路灯都能通过这栋楼产生的垃圾来自给自足，无疑就太完美了。

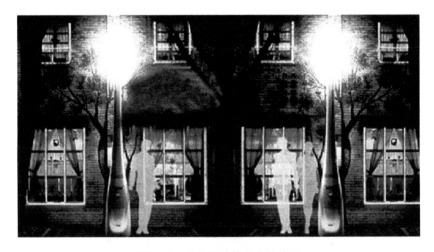

图 9.27 吃垃圾就能发光的路灯

(23) 反馈原理

① 引入反馈以改善过程或动作。如音频电路中的自动音量控制；加工中心的自动检测装置；声控喷泉；自动导航系统。

② 如果反馈已经存在，改变反馈控制信号的大小或灵敏度。如飞机接近机场时，改变自动驾驶系统的灵敏度；自动调温器的负反馈装置；为使顾客满意，认真听取顾客的意见，改变商场管理模式。

例如，会"说话"的花盆（图9.28）。这款会"说话"的花盆（Digital Pot），基本上可以理解为一个小型的遥感和化验设备。外观如白色花盆，但是正面却嵌着一个大大的 LED

显示器，背后还插着 USB 电缆。当然，对会"说话"的花盆（Digital Pot）来说，需要使用软件配合才能分析采集的数据。基本上，所有种植者所关心的项目，比如说温度、湿度等参数，会"说话"花盆都可以实时测定，并将结果通过浅显易懂的图标反馈到显示器："笑脸"表示花草过得很舒服，"苦瓜脸"表示它们正在受罪，满格的温度计表示太热了，空白的温度计表示太冷了。

图 9.28 会"说话"的花盆

（24）中介物原理

① 使用中介物传送某一物体或某一种中间物体。如机械传动中的惰轮；机加工中钻孔所用的钻孔导套。

② 将一容易移动的物体与另一物体暂时结合。如机械手抓取重物并移动该重物到另一处；用托盘托住热茶壶。

例如，当将电流应用于液态金属时，为了减少能量损耗，冷却电极的同时还采用具有低熔点的液态金属作为中介物。

又如，万能遥控器（图 9.29）。这是由 NEEO 公司出品的，号称万能遥控器，能操纵家里所有电器。该遥控器由两部分组成：那个像圆形盘子的东西是连接电器设备所用的，称为主机；至于那个像早期直板手机的物件儿自然就是可操作的遥控器。此外，还有一个与之相关的软件 APP，在手机上下载使用。主机可支持低功耗蓝牙 4.0、Wi-Fi、基于 IPv6 协议的低功耗无线个人局域网 6LowPAN、ZigBee、无线网络协议 Thread、Z-Wave 以及 360°红外。它能够识别的设备超过 3 万台，我国的海尔、海信，韩国的 LG、三星，日本的夏普、索尼等市面上的品牌都囊括在内。考虑到热衷复古风的人们，十年前的主流音视频设备，比如 DVD 播放器等，NEEO 遥控器也能全力配合。遥控器部分，屏幕像素比 iPad 更清晰。内置传感器可通过感知识别使用者的手掌，从而根据浏览喜好调出日常播放列表。遥控器与主机不可相距太远，50m 以内可用，只要在此范围内，一台主机可以同时支持 10 个遥控器工作。手机上的 APP 不仅可以替代所有的智能设备应用程序，而且可用于寻找 NEEO 遥控器。

图 9.29 万能遥控器

(25) 自服务原理

① 使一物体通过附加功能产生自己服务自己的功能。如冷饮吸管在二氧化碳产生的压力下工作。

② 利用废物的材料、能量与物质。如钢厂余热发电装置；利用发电过程产生的热量取暖；用动物的粪便做肥料；用生活垃圾做化肥。

例如，为了减少进料机（传送研磨材料）的磨损，它的表面通常由一些研磨材料制成。

又如，电子焊枪杆一般需要使用一些特殊装置来改进，为了简化系统，可以直接使用由焊接电流控制的螺线管实现改进。

再如，自动泊车技术（图 9.30）。自动泊车技术大部分用于顺列式泊车情况。常见的自动泊车系统的基本原理是基于车辆的四距离传感器的，低速开过有空缺车位的一排停车位，如果传感器扫描到有空缺的车位足够可以放下这辆车的话，人工就可以启动自动泊车程序。将回波的距离数据发送给中央计算机并由并中央计算机控制车辆的转向机构，但是仍然需要人工来控制油门，因此并不是全自动的，但这种设备的确使顺列式泊车更加容易，尽管驾驶员必须踩着制动踏板控制车速（汽车的怠速足以将车驶入停车位，无须踩加速踏板）。有些车辆现在已经可以实现全自动泊车，但是只限于横列和纵列的标准车位，这些车辆可以由人下车来操作，按动按钮车辆就可以实现完全自动的泊车入位。汽车移动到前车旁边时，系统会给驾驶员一个信号，告诉他应该停车的时间。然后，驾驶员换倒挡，稍稍松开刹车，开始倒车。计算机通过动力转向系统转动车轮，将汽车完全倒入停车位。当汽车向后倒得足够远时，系统会给驾驶员另一个信号，告诉他应该停车并换为前进挡。汽车向前移动，将车轮调整到位。最后，系统再给驾驶员一个信号，告诉他车子已停好。有些手动挡的自动泊车还需要油门和离合器的配合，因此现有的自动泊车技术还属于半自动状况。

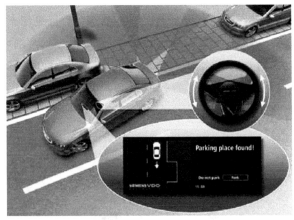

图 9.30 自动泊车技术

(26) 复制原理

① 用简单、低廉的复制品代替复杂的、昂贵的、易碎的或不易操作的物体。如通过虚拟现实技术可以对未来的复杂系统进行研究；通过对模型的实验代替对真实系统的实验；网

络旅游既安全又经济;看电视直播,而不到现场。

② 用光学拷贝或图像代替物体本身,可以放大或缩小图像。如通过看一名教授的讲座录像可代替现场听他的讲座;用卫星相片代替实地考察;由图片测量实物尺寸;用B超观察胚胎的生长。

③ 如果已使用了可见光拷贝,那么可用红外线或紫外线代替。如利用红外线成像探测热源。

例如,可以通过测量物体的影子来推测物体的实际高度。

又如,新型床垫模拟子宫感觉令婴儿迅速入睡(图9.31)。

这项发明由多个充气垫组成,可放在现有床垫的下面,在实验中可令婴儿入睡所用时间减少90%。充气垫中先轻轻地注满空气,然后再放气,模拟一种上下起伏摇摆的运动。一个可爱的绵羊玩具挂在床头一侧,发出类似母亲心跳的声音,此外还伴随着其他各种声音,如真空吸尘器噪声和竖琴音乐。科学家很久以前便知道,真空吸尘器的噪声可以帮助婴儿舒缓情绪,令婴儿安静下来,因为它听上去类似于子宫发出的嗖嗖声或噪声。同时,多项研究表明,竖琴音乐也可起到抚慰的作用,让人放松心情。充气垫的活动还有助于婴儿平躺睡眠,这是医疗机构推荐的6个月以下婴儿最安全的睡姿。

图9.31 模拟子宫感觉令婴儿迅速入睡的新型床垫

(27)低成本、不耐用的物体代替贵重、耐用的物体原理

用一些低成本物体代替昂贵物体,用一些不耐用物体代替耐用物体,有关特性作折中处理。如一次性餐具、一次性尿布、一次性拖鞋等。

例如,纸板音箱(图9.32)。日本一家以生产创新简单产品而闻名的公司制造了一种新型纸板音箱,它由一些电子元件构成,携带时可以将其展开放入一个塑料袋中,使用时将它折叠起来即可。

图 9.32 纸板音箱

(28) 机械系统的替代原理

① 用视觉、听觉、嗅觉系统代替部分机械系统。如在天然气中混入难闻的气体代替机械或传感器来警告人们天然气泄漏；用声音栅栏代替实物栅栏（如用光电传感器控制小动物进出房间）。

② 用电场、磁场及电磁场完成物体间的相互作用。如要混合两种粉末，可以使其中一种带正电荷，另一种带负电荷。

③ 将固定场变为移动场，将静态场变为动态场，将随机场变为确定场。早期的通信系统用全方位检测，现在用定点雷达预测，可以获得更加详细的信息。

④ 将铁磁粒子用于场的作用之中。

例如，为了将金属覆盖层和热塑性材料粘接在一起，无须使用机械设备，可以通过施加磁场产生应力来实现该过程。

又如，刷牙不需要牙膏了。

由日本制造商 Shiken 赞助，Kunio Komiyama 博士和好友 Gerry Uswak 博士研发了 Soladey-J3X——太阳能牙刷（图 9.33），其前身早在 15 年前就已问世，经过改良后，当光照射在牙刷手柄上时，会与 Soladey-J3X 中的二氧化钛发生化学反应，产生电子，电子与口中

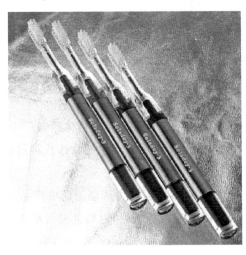

图 9.33 太阳能牙刷

的酸性物质结合，能有效去除牙菌斑，也就是说，刷牙不必用牙膏了。

（29）气动与液压结构原理

物体的固体零部件可以用气动或液压零部件代替，将气体或液压用于膨胀或减振。如车辆减速时由液压系统储存能量，车辆运行时放出能量；气垫运动鞋，减少运动对足底的冲击；运输易损物品时，经常使用发泡材料保护。

例如，为了提高工厂高大烟囱的稳定性，在烟囱的内壁装上带有喷嘴的螺旋管，当压缩空气通过喷嘴时形成了空气壁，提高烟囱内气流的稳定性。

例如，为了运输易碎物品，经常要用到气泡封袋或泡沫材料。

又如，加压喷射瓶盖（图9.34）。可以配合通常大小的水壶使用，将之替换原来的盖子即可。瓶盖上有一个圆形的把手，将之拉出就能变成一个"气枪"，通过活塞运动就能给水壶加压。把手的旁边有个按钮，掀动按钮，另外一边的喷口就能喷水，而且粗细可调，可以是雾状的，当然也可以聚集成细流，最远能喷好几米。

图9.34 加压喷射瓶盖

（30）柔性壳体或薄膜原理

① 用柔性壳体或薄膜代替传统结构。如用薄膜制造的充气结构作为网球场的冬季覆盖物。

② 使用柔性壳体或薄膜将物体与环境隔离。如在水库表面漂浮一种由双极性材料制造的薄膜，一面具有亲水性能，另一面具有疏水性能，以减少水的蒸发；用薄膜将水和油分别储藏；农业上使用塑料大棚种菜。

例如，为了防止植物叶面水分的蒸发，通常在植物的叶面上喷洒聚乙烯。聚乙烯薄膜的透氧性比水蒸气好，可以促进植物生长。

又如，充气旅行箱（图9.35）。箱体由可充气的包装组成，拖杆就是打气装备，上下按压拖杆，行李箱向内膨胀，填充内部空隙，即紧密包裹防止因行李过少内部散乱造成磕碰，同时形成的空气包防护完美保护行李。抵达后，将侧面的阀门打开，放掉气体即可。

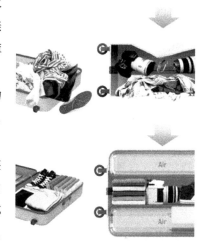

图9.35 充气旅行箱

(31) 多孔材料原理

① 使物体多孔或通过插入、涂层等增加多孔元素。如在结构上钻孔，以减轻质量。

② 如果物体已是多孔的，用这些孔引入有用的物质或功能。如利用一种多孔材料吸收接头上的焊料；利用多孔钯储藏液态氢；用海绵储存液态氮。

例如，为了实现更好的冷却效果，机器上的一些零部件内充满了一种已经浸透冷却液的多孔材料。在机器工作过程中，冷却液蒸发，可提供均匀冷却。

又如，沙滩专用簸箕 Beach Cleaner（图 9.36），是一把像筛子一样的簸箕，浑身上下有孔洞方便沙砾漏下，垃圾很轻松被留在簸箕内。

图 9.36　沙滩专用簸箕 Beach Cleaner

(32) 改变颜色原理

① 改变物体或环境的颜色。如在洗相的暗房中要采用安全的光线；在暗室中使用安全灯，做警戒色。

② 改变一个物体的透明度，或改变某一过程的可视性。在半导体制作过程中利用照相平板印刷术将透明的物质变为不透明的，使技术人员可以容易地控制制造过程；同样，在丝绢网印花过程中，将不透明的原料变为透明的；透明的包装使用户能够看到里面的产品。

③ 采用有颜色的添加物，使不易被观察到的物体或过程被观察到。如为了观察一个透明管路内的水是处于层流还是紊流，使带颜色的某种流体从入口流入。

④ 如果已添加了颜色添加剂，则采用发光的轨迹。

例如，包扎伤口时，使用透明的绷带，就可以在不解绷带的情况下观察伤口的愈合情况。

又如，透光材料（图 9.37）。这种可透光的混凝土由大量的光学纤维和精致混凝土组合而成，可做成预制砖或墙板，离这种混凝土最近的物体可在墙板上显示出阴影。亮侧的阴影以鲜明的轮廓出现在暗侧上，颜色也保持不变。用透光混凝土做成的混凝土墙就好像是银幕或扫描器。这种特殊效果使人觉得混凝土墙的厚度和重量都消失了。混凝土能够透光的原因是混凝土两个平面之间的光学纤维是以矩阵的方式平行放置的。另外，由于光学纤维占的体积很小，混凝土的力学性能基本不受影响，完全可以用来做建筑材料，因此承重结构也能采用这种混凝土。而这种透光混凝土具有不同的尺寸和绝热作用，并能做成不同的纹理和色彩，在灯光下达到艺术效果。用透光混凝土可制成园林建筑制品、装饰板材、装饰砌块和曲面波浪形,为建筑师的艺术想象与创作提供了实现的可能性。

图 9.37　透光的混凝土

(33) 同质性原理

采用相同或相似的物体制造与某物体相互作用的物体。如为了减少化学反应,盛放某物体的容器应用与该物体相同的材料制造;用金刚石切割钻石,切割产生的粉末可以回收。

例如,运输抛光粉的进料机的表面是由相同材料制成的,这样可以持续地恢复进料机的表面。

又如,任何的空瓶子都是花洒(图9.38)。

只需要简单地在空瓶子的口加上一个手柄,就成了花洒。创意就应该来自我们的日常生活,加入一点点的变化,然后给我们的生活带来乐趣。

图 9.38　任何的空瓶子都是花洒

(34) 抛弃与修复原理

① 当一个物体完成了其功能或变得无用时,抛弃或修复该物体中的一个物体。如用可溶解的胶囊作为药面的包装;可降解餐具;火箭助推器在完成其作用后立即分离。

② 立即修复一个物体中损耗的部分。如割草机的自刃磨刀机；汽车发动机的自调节系统。

例如，手枪发射子弹后，弹壳会自动弹射。

又如，"喝"咖啡渣及茶渣的绿色环保打印机（图9.39）。

这款由韩国设计师Jeon Hwan Ju设计的打印机，不用传统墨盒，而是利用咖啡渣或茶叶渣来制作墨水，只要将这些残渣放到配套的"墨盒"中即可，使用起来非常环保。为了达到省电的目的，这款打印机的喷头并没有利用电力来驱动，需要用户手动将其左右摇晃，即可将设定的图像和文字打印到纸上。普通打印机墨盒中散发出的细小物质很容易对人体健康造成威胁，由于这款打印机采用咖啡渣、茶叶渣这种天然材料作为打印耗材，因此，完全杜绝了传统打印机的微粒污染问题，不会对人体健康造成伤害，但是没有采用电力驱动，用户需要手摇来完成打印，这样就不适合大量打印。

图9.39 "喝"咖啡渣及茶渣的绿色环保打印机

（35）参数变化原理

① 改变物体的物理状态，即让物体在气态、液态、固态之间变化。如使氧气处于液态，便于运输；制作夹心巧克力时，将夹心糖果冷冻，然后将其浸入热巧克力中。

② 改变物体的浓度和黏度。如从使用的角度看，液态香皂的黏度高于固态香皂，且使用更方便。

③ 改变物体的柔性。如用三级可调减振器代替轿车中不可调减振器。用工程塑料代替普通塑料，提高强度和耐久度。

④ 改变温度。如使金属的温度升高到居里点以上，金属由铁磁体变为顺磁体；为了保护动物标本，需要将其降温；提高烹饪食品的温度（改变食品的色、香、味）。

例如，在液态下运输石油可以减少体积和成本。

又如，可以穿五年的童鞋（图9.40）。

可以通过变换鞋带扣位置改变凉鞋的大小，鞋子上部为皮革，鞋底为类似轮胎的橡胶质地。总共有两种尺寸可选，其中小码可从幼儿园穿至五年级，大码则可从五年级穿至九年级。

图 9.40　可以穿五年的童鞋

(36) 状态变化原理

在物质状态变化过程中实现某种效应。如利用水在结冰时体积膨胀的原理进行定向无声爆破。

例如，为了控制管子的膨胀程度，可以在管子里注入冷水，然后冷却至冻结温度。

又如，公仔变色表示泡面可以吃（图 9.41）。

图 9.41　公仔变色表示泡面可以吃

一碗泡面要怎样泡才能好吃？开水浸泡的时间是个重要因素，太短则面会太生，太长则面没嚼劲。怎样才能对这个要素很好地把握，日本的设计师给出了自己的解决之道。Cupmen 看上去就像是一个弯着腰、张开双臂的小人，它有两个作用：首先，能用来压住杯面撕开的盖子。泡过面的人就会知道，为了让面能够尽快泡好，撕开的盖子必须要找东西压住才行，否则热量散失太快，泡出来会不好吃。以前，这个压盖子的东西，也许是手机，也许是一本书，而现在，可以用 Cupmen 专门来干这事。其次，Cupmen 使用某种热感应材料制作，随着时间的推移，趴在泡面碗上的泡面公仔会在热气的作用下越来越烫。而在受热之后，它会变白。于是，当它的上半身变成白色时，泡面就差不多了。目前，Cupmen 有蓝、橙和红三种颜色。

(37) 热膨胀原理

① 利用材料的热膨胀或热收缩性质。如装配过盈配合的两个零件时，将内部零件冷却，外部零件加热，然后装配在一起并置于常温中。

② 使用具有不同热膨胀系数的材料。如双金属片传感器；热敏开关（两条粘在一起的金属片，由于两片金属的热膨胀系数不同，对温度的敏感程度也不一样，可实现温度控制）。

例如，为了控制温室天窗的闭合，在天窗上连接了双金属板。当温度改变时双金属板就会相应地弯曲，这样就可以控制天窗的闭合。

又如，可以贴在身上的温度计（图9.42）。贴在生病的孩子腋下，在一天内随时记录温度变化，将数据通过蓝牙传至父母的智能手机，并根据需要转发给儿科医生。TempTraq的材料柔软安全，不含乳胶成分。测温时丝毫不会打扰生病的孩子，让其安心入睡。活动时也不用担心会掉落，方便贴合和卸除。

图9.42 可以贴在身上的温度计

(38) 加速强氧化原理

使氧化从一个级别转变到另一个级别，如从环境气体到充满氧气，从充满氧气到纯氧气，从纯氧到离子态氧。

为持久在水下呼吸，水中呼吸器中储存浓缩空气；用氧-乙炔气焰锯代替空气-乙炔气焰锯切割金属；用高压纯氧杀灭伤口细菌；为了获得更多的热量，焊枪里通入氧气，而不是空气；在化学试验中使用离子化氧气加速化学反应。

例如，为了从喷火器里获得更多能量，原本供应的空气被纯氧代替。

又如，日本三菱电机开发新技术，借助羟自由基的强氧化力处理工厂废水（图9.43）。

三菱电机开发出了一项新的水处理技术，可利用气液界面放电产生的羟自由基（·OH）来分解难以分解的物质。与现有的方法相比，新技术可高效分解过去使用氯气和臭氧难以分解的表面活性剂和二氧杂环己烷等物质。新技术可用于工业废水和污水的处理和再利用。采用新技术的处理装置的原理如图9.43所示，将反应器倾斜设置，使被处理水在湿润氧气中流过。倾斜面上配置了电极，可在被处理水的气液界面诱发脉冲电晕放电，从而产生羟自由基。羟自由基的氧化还原电位为2.85eV，其氧化力高于氧化还原电位为2.07eV的臭氧。

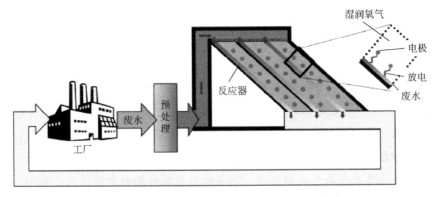

图9.43 借助羟自由基的强氧化力处理工厂废水

新技术借助羟自由基的强氧化力,将难分解性物质分解成二氧化碳和水等。去除难分解性物质通常采用的两种方法是:①组合使用臭氧和紫外线(UV)照射的促氧化法,②让活性炭吸附并去除难分解性物质的活性炭处理法。但是,采用促氧化法时,更换和维护UV灯需要耗费成本,而且,为了降低产生臭氧时的成本,需要提高臭氧浓度。而活性炭处理法虽然系统简单,但活性炭的再生和更换也需要耗费成本,而新技术可以实现低成本。首先,通过反应器的模块化来简化装置构成,使装置成本比促氧化法更低。其次,新技术可以高效生成羟自由基,分解效率达到促氧化法的两倍。最后,由于可以在湿润氧气中稳定放电,因此可以实现氧气的再利用、减少氧气使用量。不必像活性炭处理法一样要更换活性炭。三菱电机在日本山形大学理工学研究科南谷研究室的协助下开发出了这项新技术,作为工业废水的再利用装置,在2018年实现商业化。

(39)惰性环境原理

① 用惰性环境代替通常环境。如为了防止炽热灯丝的失效,让其置于氩气中。

② 让一个过程在真空中发生。例如,在冶金生产中,往往使用从熔炉气体中分离出的一氧化碳在燃烧室中燃烧来加热水和金属。在给燃烧室供气之前,应先将灰尘过滤掉。如果过滤器被阻塞,就应该使用压缩空气将灰尘清除。然而,这样形成的一氧化碳和空气的混合物容易发生爆炸。建议使用惰性气体代替空气,例如,将惰性气体通过过滤器以保证过滤器的清洁和工作过程的安全。

例如,为了防止仓库内的棉花着火,在储存的时候添入惰性气体。

例如,帮忙打包并储存食物的纳米机器人。Nanopack纳米机器人由10^{100}个能重组固态纳米机器人组成,只要将它放到需要打包和储存的食物上,它就会自动扩张开来,把食物聚拢在一起,并形成方形的固态——通过挤压食物,保留了食物原有的形式、质量,制造一个真空和零水分的口袋,以此来减少开支和浪费(图9.44)。

图9.44 帮忙打包并储存食物的纳米机器人

(40)复合材料原理

将材质单一的材料改为复合材料。如玻璃纤维与木材相比较轻,其在形成不同形状时更容易控制;用复合环氧树脂/碳化纤维制成的高尔夫球棍更加轻便、结实;飞机上的一些金属部件用工程塑料取代,使飞机更轻;一些门把手用环氧树脂制造,加大把手的使用强度；用玻璃纤维制成的冲浪板，更易于控制运动方向，也更易于制成各种形状。

图 9.45　蘑菇墙板及其发明者

例如，蘑菇墙板（图 9.45）。艾本·巴耶尔和盖文·迈金泰尔准备用蘑菇建房。这两位年轻的企业家制造出一种成本很低但强度很高的生物材料，可以取代昂贵并对环境有害的聚苯乙烯泡沫材料和塑料，这两者是广泛使用的墙体隔热防火和包装材料，风力涡轮的叶片和汽车车体面板上也常用到它们。在实验室内，两位发明者用水、过氧化氢、淀粉、再生纸和稻壳等农业废弃品做成模具，然后注入菌丝，它是蘑菇的根体，看上去就像一束束白色的纤维。这些纤维消化养料，10~14 天后就会发育成一张紧密的网络，把模具变成结构坚固的生物复合板（一张 1 立方英寸的 Greensulate 板材内含有的菌丝连接起来长达 8 英寸）。然后再用高温加以烘烤，阻止菌丝继续生长。两周之后，板材制作完成，可以用于建造墙体了。巴耶尔和迈金泰尔同是伦斯勒理工学院机械工程系学生，决定制造生物板材后，他们用特百惠保鲜盒种过各种蘑菇，做了许多样品，实验证明这种复合板具有非同寻常的性质。制作过程中无须加入热源或光照等能量，不需要昂贵的设备，在室温和黑暗环境中就可以生长。菌丝体将稻壳包围在紧密编织的网中，产生微小的绝缘气囊，1 英寸厚的 Greensulate 隔热值高达 3，与 1 英寸厚的玻璃纤维隔热板相当，经得起 600℃ 的高温，可以根据需要设计其形状、强度和弹性，任何规格的 Greensulate 隔热板都只需 5~14 天即可完成。与现有的化工产品相比，它减少了 8~10 倍的二氧化碳排放和 4~5 倍的能源需求，成本低但使用寿命长，废弃后可直接埋入土中分解成堆肥。2007 年，两人创立了 Ecovative Design 公司，通过全国大学发明和创新者联盟（NCIIA）获得了 16000 美元的资金。一年后，现任首席运营官艾德·布卢卡和其他成员加入，大家共同合作，在阿姆斯特丹举行的"荷兰绿色创意挑战杯"比赛中获得 50 万欧元奖金。目前，这种蘑菇板材已经试用于佛蒙特州一家学校的体育馆，两位发明者希望年底能够完成所有工业认证和测试，达到美国试验与材料协会（ASTM）的标准。到那时，人们可能再也没有理由使用常规的化工材料了。

上述这些原理都是通用发明创造原理，未针对具体领域，其表达方法是描述可能解的概念。如建议采用柔性方法，问题的解要涉及某种程度上改变已有系统的柔性或适应性，设计人员应根据该建议提出已有系统的改进方案，这样才有助于问题的迅速解决。还有一些原理范围很宽，应用面很广，既可应用于工程，又可用于管理、广告和市场等领域。

9.4 利用冲突矩阵实现问题的解决

9.4.1 冲突矩阵的简介

在设计过程中如何选用发明创造原理作为产生新概念的指导是一个具有现实意义的问题。通过多年的研究、分析和比较，阿奇舒勒提出了冲突矩阵。该矩阵将描述技术冲突的39个通用工程参数与40条发明创造原理建立了对应关系，很好地解决了设计过程中选择发明原理的难题。

冲突矩阵为40行40列的一个矩阵（见附录2），图9.46为冲突矩阵简图。其中第一行或第一列为按顺序排列的39个描述冲突的通用工程参数序号。除了第一行与第一列外，其余39行39列形成一个矩阵，矩阵元素中或空、或有几个数字，这些数字表示40条发明原理中被推荐采用的原理序号。矩阵中的列（行）所代表的工程参数是需改善的一方，行（列）所描述的工程参数为冲突中可能引起恶化的一方。

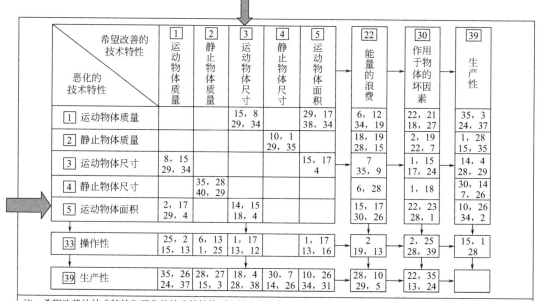

注：希望改善的技术特性和恶化的技术特性的项目均有相同的39项，具体项目见下面说明。
　1.运动物体质量；2.静止物体质量；3.运动物体尺寸；4.静止物体尺寸；5.运动物体面积；6.静止物体面积；7.运动物体体积；8.静止物体体积；9.速度；10.力；11.拉伸力、压力；12.形状；13.物体的稳定性；14.强度；15.运动物体的耐久性；16.静止物体的耐久性；17.温度；18.亮度；19.运动物体使用的能量；20.静止物体使用的能量；21.动力；22.能量的浪费；23.物质的浪费；24.信息的浪费；25.时间的浪费；26.物质的量；27.可靠性；28.测定精度；29.制造精度；30.作用于物体的坏因素；31.副作用；32.制造性；33.操作性；34.修正性；35.适应性；36.装置的复杂程度；37.控制的复杂程度；38.自动化水平；39.生产性。

图9.46　冲突矩阵简图

应用该矩阵的步骤是：首先在 39 个通用工程参数中，确定使产品某一方面质量提高及降低（恶化）的工程参数 A 及 B 的序号，其次将参数 A 及 B 的序号从第一行及第一列中选取对应的序号，最后在两序号对应行与列的交叉处确定一特定矩阵元素，该元素所给出的数字为推荐解决冲突可采用的发明原理序号。如：希望质量提高与降低的工程参数序号分别为 No.3 及 No.5，在矩阵中，第 3 列与第 5 行交叉处所对应的矩阵元素如图 9.46 所示，该矩阵元素中的数字分别为 14、15、18 及 4 号推荐的发明原理序号。

9.4.2 利用冲突矩阵创新

TRIZ 的冲突理论似乎是产品创新的灵丹妙药。实际上，在应用该理论之前的前处理与应用后的后处理仍然是很重要的。

当针对具体问题确认了一个技术冲突后，要用该问题所处的技术领域中的特定术语描述该冲突。然后，要将冲突的描述翻译成一般术语，由这些一般术语选择通用工程参数。由通用工程参数在冲突矩阵中选择可用的解决原理。一旦某一或某几个发明创造原理被选定后，必须根据特定的问题将发明创造原理转化并产生一个特定的解。对于复杂的问题一条原理是不够的，原理的作用是使原系统向着改进的方向发展。在改进过程中，对问题的深入思考、创造性和经验都是必不可少的。

可把应用技术冲突解决问题的步骤具体化为 12 步，如表 9.6 所示。

表 9.6 应用技术冲突解决问题的步骤

序号	步骤
1	定义待设计系统的名称
2	确定待设计系统的主要功能
3	列出待设计系统的关键子系统、各种辅助功能
4	对待设计系统的操作进行描述
5	确定待设计系统应改善的特性、应该消除的特性
6	将涉及的参数按通用的 39 个工程参数重新描述
7	对技术冲突进行描述：如果某一工程参数要得到改善，将导致哪些参数恶化
8	对技术冲突进行另一种描述：假如降低参数恶化的程度，要改善参数将被削弱，或另一恶化参数将被加强
9	在冲突矩阵中由冲突双方确定相应的矩阵元素
10	由上述元素确定可用发明原理
11	将所确定的原理应用于设计者的问题中
12	找到、评价并完善概念设计及后续的设计

通常所选定的发明原理多于 1 个，这说明前人已用这几个原理解决了一些类似的特定的技术冲突。这些原理仅仅表明解的可能方向，即应用这些原理过滤掉了很多不太可能的解的方向，尽可能将所选定的每条原理都用到待设计过程中去，不要拒绝采用推荐的任何原理。假如所用可能的解都不满足要求，那么，对冲突重新定义并求解。

例如，开口扳手的设计。扳手在外力的作用下拧紧或松开一个六角螺钉或螺母。由于螺钉或螺母的受力集中到两条棱边，容易产生变形，而使螺钉或螺母的拧紧或松开困难,如图 9.47 所示。

开口扳手已有多年的生产及应用历史,在产品进化曲线上应该处于成熟期或退出期,但对于传统产品很少有人去考虑设计中的不足并且改进设计。按照 TRIZ,处于成熟期或退出期的改进设计,必须发现并解决深层次的冲突,提出更合理的设计概念。目前的扳手容易损坏螺钉/螺母的棱边,新的设计必须克服目前设计中的缺点。下面应用冲突矩阵解决该问题。

首先从 39 个通用工程参数中选择能代表技术冲突的一对特性参数。

① 质量提高的参数:物体产生的有害因素(No.31),减少对螺钉/螺母棱边磨损。

② 带来负面影响的参数:制造精度(No.29),新的改进可能使制造困难。

将上述的两个通用工程参数 No.31 和 No.29 代入冲突矩阵,可以得到如下 4 条推荐的发明原理:No.4 不对称,No.17 维数变化,No.34 抛弃与修复,No.26 复制。

对 No.17 及 No.4 两条发明原理进行深入分析表明,如果扳手工作面能与螺母/螺钉的侧面接触,而不仅是与其棱边接触,问题就可解决。美国专利 US Patent 5406868 正是基于这两条原理设计出的新型扳手(图 9.48)。

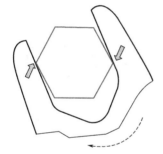
图 9.47 扳手在外力的作用下拧紧或松开一个六角螺钉或螺母

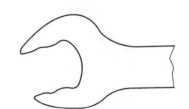
图 9.48 美国专利扳手

9.5 案例分析

9.5.1 案例一:侧向空气袋工程实例分析

(1) 背景分析

近年来,为了在正面碰撞事故中有效地保护坐在前排的乘员,在汽车前部安装了空气袋,而为了防止侧向碰撞的危害,还有必要开发相应的侧向空气袋(Side Air Bags,SAB)。经过分析,大多数厂商都打算把袋子安装在座椅的蒙皮里面,这样的安排有明显的优点,但由此带来了一个技术难题:侧向碰撞发生时,空气袋必须从座椅内部穿出,冲破蒙皮,才能胀开,保证乘员安全;而平时,要求蒙皮有很好的强度,不得开裂。这是一对尖锐的冲突,虽然已进行了多次尝试,仍未能解决。为运用 TRIZ 方法解决这一问题,福特公司成立了工程小组,快速有效地进行方案开发,以便在不久的将来侧向空气袋投入使用。

(2) 对工程知识的了解

一开始,开发小组和福特有关供应商的专家共同分析了这方面以前的测试数据和以前采用过的方法,吸取经验,以免重蹈覆辙;采访有关专家,了解生产工艺,以期掌握文字资料以外的信息;与此同时,查阅有关专利,了解国内外在这方面的进展。

由于空气袋将安装在座椅内部,开发小组对座椅的结构进行了深入的研究。福特车上的座椅蒙皮材料为织物或皮革,开发小组总结了这两种材料作蒙皮的使用方式。考虑蒙皮接缝处可能是最薄弱部位,开发小组假定空气袋将突破该处穿出,为此总结了福特车上蒙皮的各种接缝方法。开发小组还总结了蒙皮与座椅的结合方式、空气袋胀开的方向等问题。这些研究是为了使开发出的总体方案对福特车的各种座椅都普遍适用,这也是解决这一技术问题的难点之一。

通过一系列调查,积累了相关的工程知识。为此决定使用 TRIZ 方法以达到两个目的:

① 把一个特定的技术问题用一个一般的问题加以描述。

② 运用解决发明创造问题的原理达到这一目标。

侧向空气袋的安装示意图如图 9.49 所示。

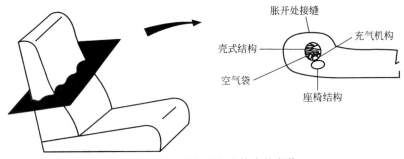

图 9.49 侧向空气袋在座椅中的安装

(3) 用 TRIZ 描述需解决的问题

目标中的第一条属于解决创造问题的一般问题的转化,它使工程人员免于把目光聚焦于狭小的区域,而可以注目于引发问题的深层原因,开发出超出常规的、创造性的解决方案。

可按解决创造性问题的一般模式分析系统的物理冲突。本项目要解决的问题是:使侧向空气袋可以持续胀开(不被座椅蒙皮阻碍)。由于已假定空气袋从接缝处穿出,因此,理想的方案是:接缝处严密地缝合在一起,但空气袋在胀开时不受任何阻碍。对应的物理冲突是:接缝在平常使用时必须很强,但在侧向空气袋胀开时必须容易裂开(实际上,多年来技术人员一直致力于对蒙皮、接缝等进行加强,使产品更健壮,以免蒙皮与接缝在日常使用中失效,所以这一物理冲突是很突出的)。继续运行解决创造性问题的步骤,便可寻找相应的解决方案。本项目中,为了使解决方案更为广泛,将这一物理冲突作为需要达到的技术目标。

(4) 侧向空气袋的总体方案设计开发

根据全面分析,解决侧向空气袋持续胀开的问题可从四个方面着手:

① 将能量集中于接缝；

② 减小接缝强度；

③ 改善蒙皮的附着方式；

④ 新的接缝设计。

每个方面都可以分解出更详尽的努力方向，得出这些努力的子方向，形成树状图。问题的解决应从树的每一个分枝出发，分析可采用的设计方案。开发小组总结了技术人员以前为解决这个问题而选择的努力方向，发现他们通常把注意力集中在：巧妙地设计空气袋的结构，包括增加新的结构，帮助空气袋在胀开时冲破接缝。而这只是努力方向"将能量集中于接缝"的子方向之一。对某些方向，如"新的接缝设计"，以前未考虑过。对所有这四个努力方向，都未能全面考虑所有子方向。这就是常规方法没有取得成功的重要原因。

开发小组运用TRIZ方法，对各个子方向进行了探索。由于解决创造性问题的原理来自对世界范围内专利的总结，科学地概括了不同领域的发明创造的规律，因此小组通过对这些原理的应用，等于客观上借鉴了不同领域的先进经验，由此产生的总体方案思路极为开阔，而且发现，这些方案是很有创意的。

① 将能量集中于接缝。空气袋不能持续胀开的原因之一是覆盖在空气袋膨胀方向的座椅蒙皮绷得很紧，不易穿破，解决这一问题，即可达到技术目标。

• 在蒙皮上设计某种设施

a. 刺绣　TRIZ的发明原理之一是"使用已有资源"，考虑到福特某些车型的座椅上已运用了刺绣工艺，且这一工艺可用自动化方式完成，可在接缝周围绣上"侧向空气袋"或"SAB"字样，削弱蒙皮在该区域的张力，同时也起到提醒乘员注意，以免空气袋冲出时伤到乘员的作用。从工艺上来说，该方案也是易行的。

b. 织物门　TRIZ中有一个反向原理，通常要使接缝区最薄弱，人们会把着眼点放在缝合方式上，本方案则另辟蹊径，通过弱化接缝区的材料使接缝区最薄弱。方案为：在空气袋冲出区域的蒙皮上开孔，以两片织物固连在孔边缘的蒙皮上，就像闭合这个孔的两扇门一样，两片织物之间以接缝的形式连接，这样接缝区域就是最薄弱的。

c. 蒙皮内陷　在放置空气袋的区域，以织物作蒙皮，该区域蒙皮向内凹陷，把空气袋裹在里面，封口处用线缝合。这样，空气袋就不是被真正装在蒙皮内部，只是被蒙皮裹起来而已，自然容易突破封口线而向外胀开。

• 双空气袋设计

TRIZ的发明原理之一是从单一系统向二元系统、多系统转化。这一转化通常会使系统获得新的属性。双空气袋设计就是如此，为问题的解决提供了新的途径。

a. 反向空气袋　两个空气袋并排，若把它们朝向将要突破的蒙皮的方向设为X方向，与X轴垂直的方向设为Y方向，则碰撞发生时，两个空气袋同时膨胀，在Y方向膨胀的空气袋有利于将蒙皮接缝处撕开，使X方向膨胀的空气袋顺利从撕开的接缝处胀出，保护乘员。

b. 撕开蒙皮接缝的空气袋和救护用空气袋　专门设计了一个小的空气袋，在碰撞发生时小空气袋先膨胀，撕开接缝，以便大空气袋（救护用空气袋）从接缝处胀开，保护乘员。具体方案有若干个。

- 能量重定向

在空气袋与蒙皮接缝之间设计特定的机构，空气袋膨胀时作用在该机构上，使空气袋的膨胀力部分转化为机构对接缝的剪力，将接缝撕开，然后机构自身也为空气袋的膨胀让路。对此已有具体方案。

② 降低接缝强度。

- 在空气袋胀开期间降低接缝强度

a.使用塑料衬垫　通常，为了避免让顾客看到加在接缝处的泡沫垫，影响美观，会在接缝区域加一块高强度合成织物作衬垫，客观上增加了接缝区强度。为此，可将这一衬垫材料换为塑料，方便空气袋胀开。

b.接缝用线的选择　将细而强的线交叉织在接缝处，在空气袋胀开过程中，可将这些缝合线依次绷断，则空气袋可以顺利展开。

c.高温下失效的线　希望蒙皮连接处的缝合线在平常使用时很强，在空气袋胀开时则很弱，甚至不存在。当把铝线或铜线作为缝合线的材料时，可满足这一要求。给这样的线一个瞬时大功率脉冲，可使其在5s内达到熔点熔化，从而使空气袋近于不受阻碍地顺利展开。

d.化学作用下失效的线　这是上一思想的扩展，将细而导电的线作为加热元素，使邻近的纤维发生化学反应。现在已经有了反应足够快的纤维材料，可将其用在接缝处，使接缝处在空气袋胀开时强度急剧降低。

e.新奇的线　技术上可选用延展性与速度相关的线，这种线在平常情况下是有弹性的，在空气袋胀开时则是脆性的。

在车的平常使用中，对接缝线的加载较慢，因此线有良好的弹性，保证了蒙皮绷紧；而空气袋展开时，线的负载急速增加，变得易脆。

- 改变接缝方向

TRIZ有一条将问题沿空间分离的原理。经观察发现了一个有趣的现象，即在汽车的日常使用中，座椅的侧面部分水平方向受力最大，垂直方向受力则较小；空气袋胀开时对接缝的作用力则不受方向限制。为此，可把接缝的开口由通常的沿垂直方向改为沿水平方向，这样接缝处的缝合就可以弱一些，方便空气袋穿出。

③ 改善蒙皮附着方式。

- 将蒙皮附着在座椅内部的泡沫上

如果空气袋在座椅蒙皮内部就胀大，将严重影响空气袋冲出蒙皮表面，这是空气袋系统最严重的失效模式，应考虑将蒙皮与座椅更紧密地结合在一起。以下方法可减小此类失效的概率。

a.粉状胶　可用粉状胶粘接蒙皮和座椅内的泡沫。

b.使用塑料胶带　用塑料胶带粘接蒙皮和座椅内的泡沫。

- 将蒙皮更好地附着在座椅结构上

在这方面也可开发出具体方案，使蒙皮与结构间结合更牢靠。

④ 新的接缝设计。为解决空气袋顺利胀开的问题，主要着眼点之一是使接缝处的打开能与空气袋的膨胀相一致，使之打开的力应是可控的。开发小组从以下几方向着手，提出了多个总体方案。

• 被动机械锁

将接缝处的连接由固定的线连接改为"夹子"连接，"夹子"的设计方案有多种，其作用是把接缝处的蒙皮拢在一起，以挤压力或扣合力加以约束。在汽车的正常使用中，这类机构可确保蒙皮应有的张力，发生碰撞时，则在空气袋的作用下打开，使蒙皮失去约束，不阻碍空气袋穿出。这也符合技术系统演化过程中"增加柔性"的规律。

• 主动机械锁

这一类方案利用了通过空间分离原理解决物理冲突的思想，可表述为：接缝在张力下是强的，而在来自蒙皮内部的压力下则是弱的。通过巧妙地设计接缝机构，可使其在空气袋压力的触发下打开。

⑤ 其他建议。为了解决本问题面临的物理冲突，完成小组设定的技术目标，即要求座椅蒙皮接缝既足够强又便于空气袋穿出，客观上不应把接缝处设计得过强。小组对此提出了两点建议：

a. 调查及确定接缝线可容忍的强度上限，以免接缝线强度预留太多，不利于空气袋穿出。

b. 优化和确定接缝处每英寸缝的针数，以免接缝处缝线的针数太多，不利于空气袋穿出。

从上面的分析可以看出，应用 TRIZ 可以产生许多新的概念或方案，技术人员接下来就可以依据这些新概念或方案进行具体的产品设计开发，最终解决实际问题。

9.5.2 案例二：解决加热炉炉门损坏问题

（1）问题背景描述

棒材厂水压机车间生产大型锻件产品，现有五座加热炉、一台水压机。生产时先将原料钢锭在加热炉中加热至1240℃左右，加热时炉门关闭，起到密封保温作用。当温度达到要求时，由电机带动提升机构将炉门提起，取出锻件进行锻造，当温度降至终锻温度以下时，再将其放入加热炉进行加热，如此反复多次，使锻件最终形状和材质达到工艺要求。在炉门提升和下降过程中，由炉门两侧的滚筒轴进行限位，以保证炉门垂直起降。

（2）问题分析

首先对系统进行分析，绘制出系统功能图，见图9.50。

技术系统达到的目标：在加热锻件时，关闭炉门，起到密封保温作用，使锻件受热均匀并节省燃料，炉门重量要轻，而且要坚固耐用。

根据系统功能图，对系统进行分析。水压机加热炉门采用的是四周护铁、中间浇注料结构。由于有害功能的存在，在使用过程中主要存在以下问题：

① 由于炉门长时间处于高温烘烤状态，并且底部温度偏高，经常出现炉门底部护铁烧

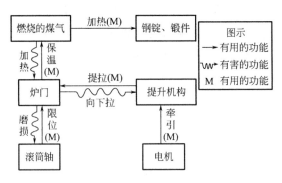

图 9.50 系统功能图

坏、脱落、浇注料塌陷的状况；

② 炉门护铁为合金材料，价格昂贵（每块 11700 元）、使用周期短、成本大；

③ 炉门升降是电机带动提升机构来完成的，由于浇注料密度很大，每个炉门重量达 4 吨左右，提升机构经常出现故障，而且炉门两侧的滚筒轴磨损也比较严重，需要经常更换。

由于上述问题，一般 3 个月就要将浇注料全部更换一次，半年对炉门底部护铁更换一次，提升机构和滚筒轴根据使用情况不定期更换，不仅维修费用大，而且严重影响了生产的连续性。

解决问题的限制：

① 不能投入太大的成本（不能使用价格更高、更耐热的材料）；

② 技术系统结构不能有大的改变（尽量不改变原有技术系统）。

(3) 描述技术冲突

① 定义问题模型　主要问题如下。

技术冲突 1：如果加热炉温度足够高，可以很好地满足锻造工艺需要，但高温对炉门破坏力很大，需要频繁更换相应部件。

技术冲突 2：如果降低加热炉温度，可以保护炉门不被烧损，但锻件温度太低无法满足工艺要求。

技术冲突 3：炉门要坚固耐用，防止受热变形或扭曲，通常情况下要增加重量，但势必会加快提升机构和滚筒轴的磨损。

技术冲突 4：如果减小炉门厚度，可以降低其重量，但保温性能会降低，而且结构稳定性也会变差。

根据技术系统的主要生产过程——锻造，从技术冲突 1 和技术冲突 4 入手解决问题。

② 确定理想解　定义理想解为：对炉门进行最小的改动，提高其耐热性，同时要在保证结构牢固前提下，减轻炉门重量，减少对提升机构和滚筒轴的磨损，同时还要考虑费用成本。

(4) 根据发明原理提出解决方案

将技术冲突用通用工程参数来描述。

技术冲突 1：针对的子系统是加热炉，要改善的参数是"温度"，恶化的参数是"有害副作用""结构的稳定性""静止物体的耐久性"。

技术冲突 4：针对的子系统是炉门，要改善的参数是"静止物体的重量"，恶化的参数是"强度""结构的稳定性""静止物体的耐久性"。

对照这些参数查找冲突矩阵表，结果见表 9.7。

表 9.7 冲突矩阵表

改善的参数 恶化的参数	31　有害副作用	13　结构的稳定性	16　静止物体的耐久性
17　温度	22,35,0,24	01,35,32	19,18,36,40

改善的参数 恶化的参数	14　强度	13　结构的稳定性	16　静止物体的耐久性
02　静止物体的质量	28,02,10,27	26,39,01,40	02,27,19,06

a. 22 "变害为益原理"　解决方案一：可以将炉门处的高温能量转移，用于加热锻件，即在炉门处加一大功率风机将火焰吹向锻件。

b. 24 "中介原理"　解决方案二：炉门浇注料、护铁一般都为固态，在炉门内部增加液态循环冷却系统则能起到很好的降温作用。

解决方案三：在火焰和炉门之间增加一个隔热层。

c. 01 "分割原理"　解决方案四：原来更换浇注料时全部更换，但上部和下部损坏程度不一样，全部更换会造成资源浪费，可以将原来整体的浇注料改成小的模块，并用挡板分成上下两部分，对重量也没什么影响。

d. 40 "复合材料原理"　解决方案五：是否可以找一种更好的材料代替现在的护铁和浇注料呢？而且这种材料重量要轻，成本要比原来材料低。

(5) 方案评价

通过上述分析，共得出 5 种方案，下面对各方案进行评价分析。

方案一：在炉门处加一大功率风机将火焰吹向锻件，成本较低，而且可以变害为益，但由于加热炉是密封的，若开一风口，则破坏了整体密封性，所以实现难度很大。

方案二：在炉门内部增加液态循环冷却系统能起到很好的降温作用，但需要增加一套循环冷却设备，成本巨大，而且实施起来也非常困难，没有很好的经验可以借鉴。

方案三：在火焰和炉门之间增加一个隔热层，想法很好，但炉内空间有限，隔热层必须很薄，而且耐火、耐高温性能要好，目前市场上还没有合适的产品。

方案四：将原来整体的浇注料改成小的模块，并用挡板分成上下两部分，更换时只更换下部烧损较严重的模块，成本较低，实施起来也比较容易。

方案五：用一种更好的材料代替现在的护铁和整体浇注料，而且这种材料重量要轻。研究发现，现在市场上的耐高温材料较多，其耐高温程度不同，密度不同，价格差异也很大。经过综合考虑，可以选用高温陶瓷纤维，它可以承受 1500℃ 高温（工艺需求 1240℃ 左右），重量较轻（每个炉门重量可降低一半以上），价位适中。

根据上述分析，对五种方案评价的结果见表 9.8。

表 9.8　对各方案评价的结果

方案名称	成本	实现的难易程度	评价
方案一	＋	－	×
方案二	－	－	×
方案三	－	＋	×
方案四	＋	＋	√
方案五	＋	＋	√

将方案四、五综合起来考虑，结合现场实际情况，可以采用高温陶瓷纤维材料替换原有的底部护铁和浇注料，同时将这种纤维材料制成 300mm×300mm×400mm 的模块，在炉门底部靠下位置焊接一挡板，这样更换时可以有针对性地只更换底部烧损较严重的模块。而且在使用这种模块后，整个炉门重量仅为原来的一半左右。但是材料更换以后炉门的强度在一定程度上降低，需要继续研究分析。

（6）问题再分析

利用前面的方案，炉门的耐高温问题和重量问题都得到解决了，但是炉门整体强度降低了，需要继续根据表 9.7 冲突矩阵表对强度进行分析。

26 "复制原理"可以将炉门加厚，提高其稳定性和强度，但是重量和材料成本增加了，此为方案六。

10 "预先作用原理"预先对物体（全部或部分）施加必要的改变，可以考虑常用的"加强筋"方法，即在炉门外面加上筋板，此为方案七。

其他原理均未找到合适的解决方案。

利用方案七即在炉门外面加上筋板，强度问题得到解决，而且不影响方案四、方案五的实施，所以决定将这三种方案结合起来一起实施，于是形成了最终解决方案。

（7）最终解决方案

最终解决方案如图 9.51 所示。在炉门底部靠下位置焊接一挡板，将原来炉门底部护铁和浇注料改为高温陶瓷纤维模块。

① 首先在 A-B 位置焊接一块挡板，并在下方焊 5 块筋板加固。挡板规格：3000mm×300mm×18mm。

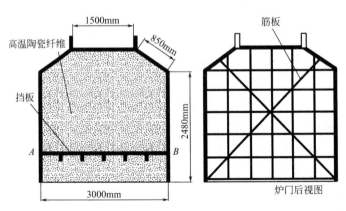

图 9.51　加热炉门结构示意图

② 在挡板上下固定高温陶瓷纤维模块。高温陶瓷纤维模块规格：300mm×300mm×400mm。

③ 为避免在应用时炉门因为受热发生变形或扭曲，在炉门外面加上筋板。

④ 如果在使用过程中，炉门底部高温陶瓷纤维模块出现磨损、脱落，仅需将挡板下部的高温陶瓷纤维模块更换即可，如图9.51所示。

(8) 现场应用情况简介

① 改造后的炉门底部护铁和浇注料由高温陶瓷纤维模块代替，使用中未出现异常。

② 改造后的炉门经过7个月的使用，只更换了底部两块高温陶瓷纤维模块，大大降低了更换浇注料和底部护铁造成的资源消耗。

③ 由于改造后的炉门重量仅为原来的一半，提升机构和滚筒轴损坏现象大大减少，保证了生产顺利进行。

④ 改造后的炉门保温效果更好，使钢锭的加热更均匀。

9.5.3 案例三：基于TRIZ方法的设备箱盖二次防落装置的研究

(1) 背景分析

轨道交通车辆在高速运行时，存在复杂的工况，会使设备箱门受到不同程度的冲击和震动，长时间的震动可能会带来门锁失效或螺栓松动的隐患。此外，当设备箱检修完毕，门锁或螺栓若未完全锁紧同样会带来上述隐患。一旦门锁失效或螺栓松动，设备箱门在车辆高速运行时将对铁路沿线设备及人员造成重大伤害。为保证车辆在运行过程中，设备箱门锁或固定螺栓在损坏的情况下也不会发生安全问题，必须安装二次防落装置，确保设备箱门在此种情况下保持原有状态继续运行。

二次防落结构多种多样，如链条式、可旋转卡扣式等，但都存在某些缺点，如零件容易损坏、丢失。现有二次防落装置运用弹簧压缩，操作简单，且操作时不需要工具，但是存在的问题是二次防落装置（图9.52）结构复杂、方向定位不准、安装座结构加工不方便等。

在认真学习TRIZ知识后，运用创新方法和工具对该实际工程问题进行深入分析和研究，理清思路，得到概念方案，实施后显著降低了二次防落装置加工的难度并改善了定位功能。

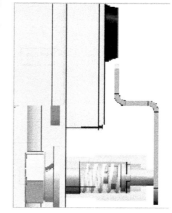

图9.52 二次防落装置

(2) 问题描述

① 工作原理 二次防落装置首先将防护板上的圆孔与心轴对齐并焊接为一体，然后将安装座从小半径通孔的一端套在心轴上。再向安装座内放置定位板并使定位板上的方形孔与心轴上方形凸台对正，且定位板要落入安装座的凹槽内。接下来依次套入平垫、弹垫，通过心轴凸台后段的螺纹与螺母进行紧固，在心轴最末端通孔处选装开口销以防止螺母脱落。在安装座内放入弹簧。最后把防护板组装和安装座组装装配后的整体固定在安装座和平垫之间的设备箱骨架上，并通过后端紧固件组装与安装座后端的内螺纹的配合来完成整个防护装置

的紧固。

② 待解决的问题　改善二次防落装置的复杂性的问题、方向定位的问题、安装座加工难度大的问题。

③ 对新技术系统的要求　结构简单，安装定位方便且精准，安装座容易加工，见图 9.53~图 9.55。

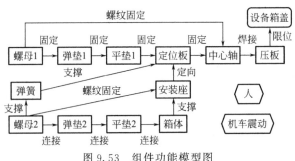

图 9.53　组件功能模型图

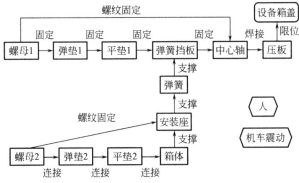

图 9.54　系统裁剪方案 1 组件功能模型图

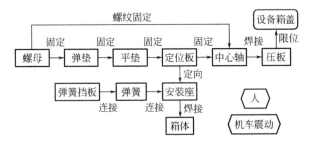

图 9.55　系统裁剪方案 2 组件功能模型图

(3) 解题过程

① 冲突分析

a. 问题是什么？设备箱盖门在机车运行时，长时间的震动会使门锁失效或螺栓松动，导致设备箱盖门掉落，安装的链条式防落装置可靠性差，容易丢失。

b. 现有解决方法是什么？在设备箱上安装弹簧式二次防落装置。

c. 上述方法的缺点是什么？二次防落装置结构比较复杂，装置安装座内部结构加工难度大，装置定位不准。

d. 定义技术冲突。改善：可靠度。

恶化：系统的复杂性。

e. 根据冲突矩阵得到适用的创新原理有：1"分割原理"、13"反向作用原理"、35"物理或化学参数改变原理"。

1"分割原理"：把一个物体分成相互独立的几个部分；把一个物体分成容易组装和拆卸的部分；提高系统的可分性，以实现系统的改造。

13"反向作用原理"：用相反的动作，代替问题定义中所规定的动作；把物体上下或内外颠倒过来；让物体或环境，可动部分不动，不动部分可动。

35"物理或化学参数改变原理"：改变聚集态（物态）；改变浓度或密度；改变柔度；改变温度。

② 概念方案 将创新原理转变为概念方案。

方案1：根据1"分割原理"，把装置分成两部分，一部分安装在箱体上起支撑作用，另一部分用来限位，控制设备箱盖位移。可以把安装座换成安装板，用紧固件安装；将一块紧固件固定在安装板上的限位板上。此结构装置只有一块安装板和一块限位板以及标准紧固件，结构简单、功能明确。

方案2：根据13"反向作用原理"，安装座内部的凹槽在加工时存在难度大且精度差的问题，把物体上下或内外颠倒过来，可以采用把安装座内部的凹槽放在安装座的外部（图9.56）。

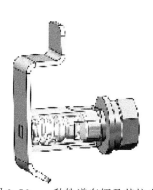

图9.56 一种轨道车辆及其拉出解锁式设备箱盖二次防护装置

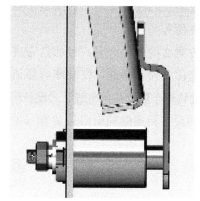

图9.57 一种设备箱盖的辅助限位装置

③ 组件分析 通过对上面组件功能模型图的分析，深入了解二次防落装置结构中各个组件的功能，明确组件之间的关系，以及各组件之间的有用功能、有害功能以及不足或过度的功能。并明确二次防落装置结构中的物质流、控制流以及组件之间的结构关系，同时，明确各组件在流传递中承担的角色。

④ 系统裁剪方案模型

裁剪方案1：技术系统的新添组件可以完成组件A的功能，引入弹簧挡板代替定位板。

定位板与安装座内部的凹槽实现定向功能,存在的缺陷是安装座内部的凹槽加工比较复杂,精度很难保证。调整弹簧的位置,加入弹簧挡板,取消定位板以及安装座内的凹槽,可以弥补安装座加工复杂和精度差等问题。

裁剪方案2:剪裁掉一组紧固件,调整组件之间的相互关系,通过定位板与安装座外侧的凹槽实现定位。十字凹槽在安装座外面,加工方便且精度高,同时通过安装座上的缺口,准确定位焊接,保证压板的位置为水平或垂直状态,实现了定位方便且精准的目的(图9.57)。

⑤ 方案实施　实施解决方案的后续成果如表9.9所示。

表9.9　技术方案汇总

方案	改善方案	可行性分析	评价
方案1	把二次防落装置简化成安装板、限位板及标准紧固件	结构简单,加工容易,但是操作时需要松紧固件,需要借助工具	可行
方案2	安装座采用外侧凹槽的形式	安装座加工相对容易,但需要结合其他方式对结构进行调整	较困难
裁剪方案1	引入弹簧挡板代替定位板,调整组件,弹簧压入式改成拉出式	安装座加工容易,安装时定位要求较高	较可行
裁剪方案2	采用安装座外侧缺口和焊接方式,外侧十字凹槽,调整组件,裁剪紧固件	安装座加工容易,通过焊接安装时实现精准定位,可以保证压板只能处于水平或垂直状态	可行

方案1的改善方案,目前已完成试制,用于部分机车设备箱上,该装置具有结构简单、安装方便的特点,适合改造机车。

裁剪方案1的改善方案,目前鉴于结构复杂程度没有很大改善,该装置具有容易加工,拉出解锁方便等特点。

裁剪方案2的改善方案,目前已完成试制,平台化用于机车设备箱盖上,该装置具有结构简单,定位方便、精准,安装座容易加工等特点,适合新造机车。已申请两项专利:

a.一种轨道车辆及其拉出解锁式设备箱盖二次防护装置(发明专利)　申请号:20140089778.4

b.一种设备箱盖的辅助限位装置(发明专利)　申请号:201410340818.8

思考与练习

1. 请概括阐述什么是冲突。
2. 什么是物理冲突?
3. 解决物理冲突一般用什么方法?建议的分离方法有哪些?
4. 什么是技术冲突?
5. 物理冲突与技术冲突的区别和联系是什么?
6. 如何解决技术冲突?
7. 什么是冲突矩阵?
8. 冲突矩阵是对称的吗?里面空白的方格表示什么意思?

第10章
解决问题的科学效应与知识库

人类文明发展史上科学技术的每一次重大突破都对社会的发展产生巨大影响。工程技术的发展促进了产品的更迭和各种方法的创新，人类社会的发展历史就是一部人类发现并利用蕴含在自然界中的科学原理和知识的历史。我们一直在学习各种自然科学体系的各种知识，但是没有系统化地将其应用在生产、生活中，也很少将这些知识系统地组织起来去解决各种技术难题。然而，这些科学原理，尤其是科学效应和现象的应用，对于发明问题的求解却具有超乎想象的作用。阿奇舒勒对世界范围内的专利分析发现和识别发明问题的创新原理，并分门别类为4大类通用解决方案：针对技术冲突问题，可以应用40条发明原理；针对物理冲突问题，可以应用分离原理；针对物场问题，可以应用76个标准解；针对技术系统的进化趋势，可以应用经典TRIZ中的8大技术系统进化法则。在TRIZ研究的早期阶段，阿奇舒勒就已经验证：对于一个给定的技术问题，尤其是已有系统功能增强或引入一个（多个）新功能时，还可以运用各种物理、化学、生物和几何效应使解决方案更理想，实现起来更简单。

10.1 科学效应

技术系统依赖于科学原理，科学效应和科学现象是促进创造发明的不竭源泉。电磁感应、法拉第效应等都早已经成为各领域技术和理论的应用基础，帮助系统实现多种功能。效应是构建功能的基本单元；所有的功能都基于效应而存在；任何一个产品的功能，不管其结构有多复杂，经过不断分解，最终都可以分解成由某种效应实现的基本子功能。

阿奇舒勒发现很多不同凡响的发明专利通常都是利用了某种科学效应，或者是出人意料地将已知的效应用到以前没有使用过该效应的技术领域中。每一个效应都可能是一大批问题的解决方案，或者说用好一个效应可以获得几十项专利。通过专利分析，效应确定了专利中产品的功能与实现该功能的科学原理的相关性，将物理、化学和几何学等科学原理与工程应用结合在一起，从本质上解释了功能的科学依据。研究人员已经总结了大概10000个效应，其中4000多个得到了有效的应用，但目前工程人员自己掌握并应用的效应是相当有限的。

例如，发明家爱迪生的1023项专利里只用到了23个效应；飞机设计大师图波列夫的1001项专利里只用到了35个效应。科学效应的推广应用，对发明问题的解决具有超乎想象的、强有力的帮助。另外，工程人员在创新的过程中也需要各个领域的知识来确定创新方案，有效利用科学效应，提高创新设计的效率，深入研究效应在发明创造中的应用，有助于提高工程人员的创造能力。

科学效应案例：不用电池的手电筒

在一些地区，由于电力资源不足，夜晚无法照明，连手电筒的电池都很难得到，这给人们的生活带来很大困扰。15岁的Ann发明了一款可以不用电池就能发光的手电筒，如图10.1所示。

图10.1　Ann和她发明的不用电池的手电筒

手电筒采用空心设计，将特殊材料固定在手电筒外围，当握住手电筒的时候，手掌的温度会加热材料，同时手电筒内部的空气流动，使内表面保持较低的温度，通过材料两侧的温度差使电子从高温区向低温区移动从而产生电流，利用热电效应原理为LED灯供电。电流的强弱取决于受热物体的性质，同时需要热电材料的两端温差必须达到5℃才能发光。手电筒的工作原理如图10.2所示。

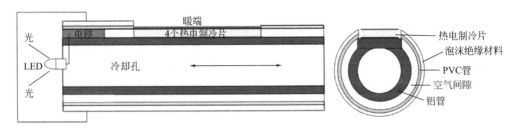

图10.2　热电效应手电筒工作原理

效应涵盖多学科领域的原理，包括物理、化学、几何学等，对自然科学及工程领域中事物间纷繁复杂的关系进行全面的描述，借助这些通用的原理，把问题简化为最基本的要素，引导和帮助发明者利用它来解决某一特定技术领域的知识问题。应用效应知识解决发明创造问题，可以大大提高发明的等级和加快创新进程。

10.1.1 科学效应、科学原理、科学现象

效应是在特定条件下，技术系统实施自然规律的技术结果，是对系统输入、输出之间转换过程的描述。该过程由科学原理和系统属性支配，并伴有现象发生，是场（能量）与物质之间的互动结果。

科学效应是各领域的定律，是物体或系统实现某种功能的"能量"和"作用力"，涵盖了很多学科和领域的各种原理，包括数学、物理、化学等。科学效应是在科学理论的指导下，实施科学现象的技术结果，即在效应物质中，按照科学原理将输入量转化为输出量，并施加在作用对象上，以实现相应的功能。科学原理就是把输入量和输出量联系起来的各种定律，如摩擦效应包含了摩擦定律，杠杆效应包含了杠杆定律，电解效应包含了库仑定律、电化学当量和质量守恒定律等。科学现象来源于自然界的一般规律，是一种客观存在，随着科学的迅猛发展以及实验室技术的成熟，很多"科学现象"被进一步提升为"科学效应"。

科学效应包括了物理效应、化学效应、几何效应等多种效应。效应内部所遵循的数学、物理、化学方面的定理，属于科学原理。其相互关系如图10.3所示。

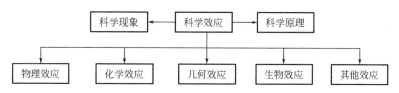

图 10.3 科学效应、科学现象、科学原理的关系

10.1.2 科学效应的作用

在解决工程技术问题的过程中，已知效应及其不为人知的某些方面对于问题的求解往往具有不可估量的作用。人们了解的科学效应和现象远远少于文献中记载的数量，每种效应都可能是求解某一类问题的关键。通常我们只学习了效应本身，而并没有学过如何将这些效应应用到实际工作中。因此，在解决工程技术等问题的过程中实践效应（例如，热膨胀、共振）便会经常出现问题，另外，"发现"各种效应的科学家没有思考如何进一步应用所发现的效应。

现代科技的分工越来越细，大学阶段便进入了针对性更强的各种专业领域的理论学习和实践训练（如机械、电气、化工、土木、信息等），由此导致最直接的结果便是工程师通常只对自己所学领域的技能了解透彻而不了解其他领域中解决问题的技巧或方法；同时，随着现代工程系统复杂程度的增加，每个技术领域中的产品几乎都包含了多个不同专业的知识，这对工程师的知识背景也提出了更高更复杂的要求。要对产品进行创新性的设计或改进，就必须整合不同专业领域的知识。但是，目前的教育体系及工作模式限定了工程领域知识的交叉性，绝大部分工程师都缺乏系统整合的工程技术训练。工程师单一的专业知识领域是创新的一大障碍。

传统的科学效应多按照其所属领域进行组织和划分，侧重于效应的内容、推导和属性的说明。发明者对自身领域之外的其他领域知识通常是缺乏的，造成了效应搜索的困难。TRIZ 中，按照"从技术目标到实现方法"的方式组织效果库，发明者可根据 TRIZ 的分析工具决定需要实现的"技术目标"，然后选择需要的"实现方法"，即相应的科学效应。TRIZ 的效应库的组织结构，便于发明者对效应的应用。TRIZ 基于对世界专利库的大量专利的分析，总结了大量的物理、化学和几何效应，每一个效应都可能用来解决某一类题目。

我们将两个对象之间的作用定义为"场"，并用"场"来描述存在于这两个对象之间的能量流。如果从时间轴上对两个对象之间的作用进行分析，我们也可以将存在于两个对象之间的这种作用看作是两个技术过程之间的"纽带"。例如，压电打火机的点火过程，如图 10.4 所示。

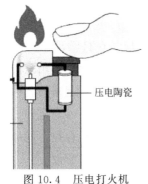

图 10.4 压电打火机的点火过程

一次性压电打火机是利用压电陶瓷的压电效应制成的。用手指按压打火机上的按钮，便可将压力施加到压电陶瓷上，继而产生高电压，形成火花放电，点燃可燃气体。如果将手指压按钮的动作看成是一个技术过程，将气体燃烧看成是另一个技术过程。那么，将这两个技术过程连接起来的纽带就是压电效应。在这个技术系统中，压电陶瓷的功能就是利用压电效应将机械能转换成电能。

效应可以看作是两个技术过程之间的功能关系。如果将技术过程 A 中的变化看作是原因，则技术过程 A 的变化所导致的另一个技术过程 B 的变化就是结果。将技术过程 A 和技术过程 B 连接到一起的这种功能关系被称为效应，如图 10.5 所示。

图 10.5 效应

在绝大多数技术系统中，效应一般不是单一存在的，系统中经常同时包含多个效应。以实现技术系统的功能为最终目标，将一系列依次发生的效应组合起来，就构成了效应链，如图 10.6 所示。

图 10.6 效应链

10.1.3 科学效应的应用模式

科学效应是在科学理论的指导下，实施科学现象的技术结果，即按照定律规定的原理将输入量转化为输出量，以实现相应的功能。

科学效应可以单个使用，也可以多个联合使用，多个效应联合使用组成"效应链"的方式称为科学效应的应用模式，在现代 TRIZ 的探索中有学者将其划分为以下五种。

（1）单一效应模式

由一个效应直接实现。同一效应可实现不同的功能，常用几种不同的效应来实现同一功能，如可用杠杆效应、楔效应、电磁效应、液力效应等来产生力。

例如，杠杆效应可以改变力的大小或方向。

单一效应模式的基本流程如图 10.7 所示。

图 10.7　单一效应模式

（2）串联效应模式

串联效应由依序相继发生的多个效应共同实现。例如，将记忆合金支架安装在患有冠状动脉硬化疾病的患者体内，支架的相变点温度与人体体温接近，进入人体后，当支架温度达到相变温度时张开，达到疏通冠状动脉的作用。该过程包含了热传导效应（人体向记忆合金支架）和形状记忆效应（记忆合金支架本身），是串联效应模式的典型应用，其基本流程如图 10.8 所示。

图 10.8　串联效应模式

（3）并联效应模式

并联效应模式由同时发生的多个效应共同实现，其基本流程如图 10.9 所示。

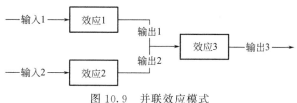

图 10.9　并联效应模式

（4）环形效应模式

环形效应模式由多个效应共同实现，后一效应的部分或全部输出通过一定的方式送回到前一效应的输入端，形成环状结构，其基本流程如图 10.10 所示。

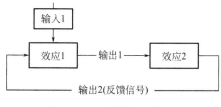

图 10.10　环形效应模式

(5) 控制效应模式

由多个效应共同实现，其中一个或多个效应的输出流由其他效应的输出流控制，基本流程如图 10.11 所示，表示出用于控制所选效应内部参数的效应以及用于产生新的设计方案的不同现象之间的关系。这种效应模式建立在如下假设之上：如果一个效应有一输入量，那么其输出量可用其他参数来控制或调整。在方案实现过程中，效应内部有些技术参数需要控制。参数不同，效应的实现形式不同。例如，形状记忆合金效应的控制参数——固体尺寸，可用弹性-塑性形变效应控制以产生压力或拉力。一个效应中可能有多个参数需要控制，每个参数可能有多种控制方法。例如，固体的长度和直径是决定形状记忆合金形状的两个参数。

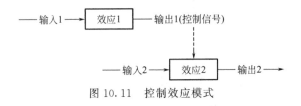

图 10.11 控制效应模式

需要注意，在科学效应的应用模式中包含了如下规则：首先，邻接效应的输入流与输出流必须相容，以保证效应连接的可行性；其次，虽然在理论上组成效应链的效应数量可以任意确定，但为使设计的系统简化，组成效应链的效应数量应该尽可能少。

10.2 科学效应知识库的组织结构

通过对众多专利的分析，阿奇舒勒指出：在工业和自然科学中的问题和解决方案是重复的，技术进化模式也是重复的，只有百分之一的解决方案是真正的发明，而其余部分只是以一种新的方式来应用以前存在的知识和概念。因此，对于一个新的技术问题，我们可以从已经存在的原理和方法中找到问题的解决方案，可以将这些知识集中起来形成效应知识库。现在，研究人员已经总结了近万个基于物理、化学、几何学等领域的原理和数百万项发明专利的分析结果而构建的效应知识库，可以为技术创新提供丰富的方案来源。

为了帮助工程师们利用这些科学原理和效应解决工程技术问题，阿奇舒勒提议建立一个科学效应数据库，后来，由 Y. V. Gorin, S. A. Denisov, Y. P. Salamatov, V. A. Michajiov, A. Y. Licbachev, L. E. Vikentiev, V. A. Vla-sov, V. I. Efremov, M. F. Zaripov, V. N. Glazunov, V. Souchkov 和其他的 TRIZ 研究者共同开发了效应数据库，其目的就是将那些在工程技术领域中常常用到的功能和特性与人类已经发现的科学原理或效应所能提供的功能和特性对应起来，以方便工程师们进行检索。

10.2.1 效应知识库的由来

知识库（Knowledge Base）是知识工程中结构化、易操作、易利用、有组织的知识集群。科学效应知识库是将物理效应、化学效应、生物效应和几何效应等集合起来组成的一个知识库，为技术创新活动提供了丰富、便利的方案来源。

效应的研究历程大致如下：
- 1968 年——分析了 5000 多项发明专利，开始专门研究物理效应；
- 1971 年——编辑了第一版"物理效应指南"；
- 1973 年——整理了 300 页记录"物理效应"的手稿；
- 1978 年——编辑了第二版"效应指南"；
- 1979 年——阿奇舒勒在其《创造是精确的科学（Creativity As Exact Science）》一书中所提出的 ARIZ-77 中，以功能编码表的形式给出了有 30 个功能的包括 99 个物理效应的"效应指南"；
- 1981 年——"物理效应"首次在"技术与科学"（Technologies and Science）杂志上发表；
- 1987 年——"物理效应指南"首次通过《大胆的创新公式（Daring Formulas of Creativity）》一书，在卡累利阿共和国彼得罗扎沃茨克市发布；
- 1988 年——"化学效应指南"首次通过《迷宫中的线索（A Thread in Laby-rinth）》一书，在卡累利阿共和国彼得罗扎沃茨克市发布；
- 1989 年——"几何效应"首次通过《没有规则的游戏规则（Rules of a Game without Rules）》一书，在卡累利阿共和国彼得罗扎沃茨克市发布。

至此，物理效应、化学效应、几何效应已经形成了表格式的指南。而汇总了这些指南的效应知识库也逐渐成形。效应知识库涵盖了物理、化学、几何、生物等多学科领域的效应知识，对发明问题的解决有着超乎想象的促进作用。

随着计算机技术的发展，许多相对完备的效应知识库已经被构建并被应用到各种工程技术领域，使其成为大众可以使用的一种有力的创新工具。据不完全统计，常用效应大约有 1400 个，复合效应有数千个，也有一些学者对效应进行了总结汇总，如赵敏所著的《TRIZ 进阶及实战》中汇总了 922 个效应。

10.2.2 科学效应的主要功能

1979 年，阿奇舒勒在 ARIZ-77 中以功能编码表的形式将科学效应的主要功能归纳为以下 30 条，如表 10.1 所示。

表 10.1 科学效应的 30 个主要功能

代码	功能	代码	功能
F01	测量温度	F09	搅拌混合物,形成溶液
F02	降低温度	F10	分离混合物
F03	提高温度	F11	稳定物体位置
F04	稳定温度	F12	产生(或控制)力
F05	探测物体的位置和运动	F13	控制摩擦力
F06	控制物体的运动	F14	破坏(解体)物体
F07	控制液体及气体的运动	F15	积蓄机械能和热能
F08	控制浮质(悬浮颗粒)的流动	F16	传递能量

续表

代码	功能	代码	功能
F17	建立移动物体与固定物体间的相互作用	F24	形成要求的结构,稳定物体结构
F18	测量物体的尺寸	F25	探测电场和磁场
F19	改变物体的尺寸	F26	探测辐射
F20	检查表面的状态和性质	F27	产生辐射
F21	改变表面的性质	F28	控制电磁场
F22	检测物体容量的状态和特征	F29	控制光
F23	改变物体空间性质	F30	产生及加强化学变化

10.2.3 效应知识库的分类

效应知识库是从大量的专利分析中得出的很多抽象的功能模块和效应的汇总,其功能非常强大,要真正发挥效应知识库的作用,必须收集和总结大量的物理、化学、几何和生物效应,但是效应知识库包含的效应并非越多越好,如:

① 按学科分类,主要有物理效应、化学效应、几何效应和生物效应四大类。

② 按专利分类。

③ 按功能分类,比如物理效应与实现功能对照表;化学效应与实现功能对照表;几何效应与实现功能对照表;固、液、气、场不同形态物质实现功能的效应知识库。

④ 按属性分类,比如改变属性的效应知识库;增加属性的效应知识库;减少属性的效应知识库;测量属性的效应知识库;稳定属性的效应知识库。

本书重点介绍物理效应、化学效应、几何效应和生物效应。至于心理效应等非技术领域的效应,本书暂不涉及。

(1) 物理效应

物理效应是指物质的形态、大小、结构、性质（如高度、速度、温度、电磁性质）等改变但没有新物质生成的现象,是物理变化的另一种说法。换句话说,物理效应是指可直接感知的物理事件或物理过程。在工业革命的早期,人类就利用物理效应来实现各种功能,以增强对机器的自动控制。第一次工业革命时期的蒸汽机转速调节器,当蒸汽机转速增加时,离心力导致飞球升高带动气阀开口减小,蒸汽机转速随之降低;反之,蒸汽机转速降低时,飞球下降使气阀开口变大,蒸汽机的转速便随之提升。依靠这样的机制,蒸汽机转速就能自动保持基本恒定。离心力这个物理效应在这里起到了关键作用。

物理效应举例:通过改变物体的温度来改变物体的尺寸,如图10.12所示。改变物体的温度是输入作用,改变物体的尺寸是输出作用,控制参数是温度,物体的热膨胀系数可作为所述效应的控制参数。物体的热膨胀系数广泛应用于工程领域,用来对物体尺寸做可逆和可控制改变。热膨胀系数反映了构成物体的物质属性参数,其等于温度改变1℃时物体某一尺寸变化与最初尺寸之比。物体的热膨胀系数变化幅度较大,可从气体的大约1/273到特种合金的0。

实现功能与物理效应的关系对照,参见表10.2。

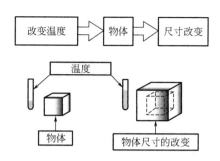

图 10.12 热膨胀效应改变物体尺寸

表 10.2 实现功能与物理效应的关系对照表

编码	实现功能	物理效应
1	测量温度	热膨胀和由此引起的固有振动频率的变化;热电现象;光谱辐射;物质光学性能及电磁性能的变化;超越居里点;霍普金森效应;巴克豪森效应;热辐射
2	降低温度	传导;对流;辐射;相变;焦耳-汤姆森效应;珀耳贴效应;磁热效应;热电效应
3	提高温度	传导;对流;辐射;电磁感应;热电介质;热电子;电子发射(放电);材料吸收辐射;热电现象;物体的压缩;核反应(原子核感应)
4	稳定温度	相变(例如超越居里点);热绝缘
5	探测物体的位置和位移(检测物体的工况和定位)	引入容易检测的标识——变换外场(发光体)或形成自场(铁磁体);光的反射和辐射;光电效应;相变(再成型);X射线或放射性;放电;多普勒效应;干扰
6	控制物体位移	将物体连上有影响的铁或磁铁;用对带电或起电的物体有影响的磁场;液体或气体传递的压力;机械振动;惯性力;热膨胀;浮力;压电效应;马格纳斯效应
7	控制气体或液体的运动	毛细管现象;渗透;电渗透(电泳现象);汤姆森效应;伯努利效应;各种波的运动;离心力(惯性力);韦森堡效应;液体中充气;柯恩达效应
8	控制悬浮体(粉尘、烟、雾等)	起电;电场;磁场;光压力;冷凝;声波;亚声波
9	搅拌混合物,形成溶液	形成溶液;超高音频;气穴现象;扩散;电场;用铁-磁材料结合的磁场;电泳现象;共振
10	分解混合物	电和磁分离;在电场和磁场作用下改变液体的密度;离心力(惯性力);相变;扩散;渗透
11	稳定物体位置	电场和磁场;利用在电场和磁场的作用下固化定位液态的物体;吸湿效应;往复运动;相变(再造型);熔炼;扩散熔炼;相变
12	产生/控制力,形成高压力	用铁-磁材料形成有感应的磁场;相变;热膨胀;离心力(惯性力);通过改变磁场中的磁性液体和导电液体的密度来改变流体静力;超越炸药;电液压效应;光液压效应;渗透;吸附;扩散;马格纳斯效应
13	控制摩擦力	约翰逊-拉别克效应;辐射效应;克拉格里斯基(Краглъский)现象;振动;利用铁磁粒产生磁场感应;相变;超流体;电渗透
14	分离物体	放电;电-水效应;共振;超高音频;气穴现象;感应辐射;相变热膨胀;爆炸;激光电离
15	积蓄机械能和热能	弹性形变;飞轮;相变;流体静压;热电现象

续表

编码	实现功能	物理效应
16	传递能量(机械能、热能、辐射能和电能)	形变;亚历山德罗夫效应;运动波,包括冲击波;导热性;对流;光反射(光导体);辐射感应;赛贝克效应;电磁感应;超导体;一种能量形式转换成另一种便于传输的能量形式;亚声波(亚音频);形状记忆效应
17	移动的物体和固定的物体之间的交互作用	利用电-磁场(运动的"物体"向着"场"的连接)由物质耦合向场耦合过渡;应用液体流和气体流;形状记忆效应
18	测量物体尺寸	测量固有振动频率;标记和读出磁性参数和电参数;全息术摄影
19	改变物体尺寸	热膨胀;双金属结构;形变;磁电致伸缩(磁-反压电效应);压电效应;相变;形状记忆效应
20	检查表面状态和性质	放电;光反射;电子发射(电辐射);波纹效应;辐射;全息术摄影
21	改变表面性质	摩擦力;吸附作用;扩散;包辛格效应;放电;机械振动和声振动;照射(反辐射);冷作硬化(凝固作用);热处理
22	检测物体容量的状态和特征	引入转换外部电场(发光体)或形成与研究物体的形状和特性有关的自场(铁磁体)的标识物;根据物体结构和特性的变化改变电阻率;光的吸收、反射和折射;电光学和磁光现象;偏振光(极化的光)X射线和辐射线;电顺磁共振和核磁共振;磁弹性效应;超越居里点;霍普金森效应和巴克豪森效应;测量物体固有振动频率;超声波(超高音频);亚声波(亚音频);穆斯堡尔(Mossbauer)效应;霍尔效应;全息术摄影;声发射(声辐射)
23	改变物体空间性质(密度和浓度)	在电场和磁场作用下改变液体性质(密度、黏度);引入铁磁颗粒和磁场效应;热效应;相变;电场作用下的电离效应;紫外线辐射;X射线辐射;放射性辐射;扩散;电场和磁场;包辛格效应;热电效应;热磁效应;磁光效应(永磁-光学效应);气穴现象;彩色照相效应;内光效应;液体"充气"(用气体、泡沫"替代"液体);高频辐射
24	构建结构,稳定物体结构	电波干涉(弹性波);衍射;驻波;波纹效应;电场和磁场;相变;机械振动和声振动;气穴现象
25	探测电场和磁场	渗透;物体带电(起电);放电;放电和压电效应;驻极体;电子发射;电光现象;霍普金森效应和巴克豪森效应;霍尔效应;核磁共振;流体磁现象和磁光现象;电致发光(电-发光);铁磁性(铁-磁)
26	产生辐射	光-声学效应;热膨胀;光-可范性效应(光-可塑性效应);放电
27	产生电磁辐射	约瑟夫森(Josephson)效应;感应辐射效应;隧道(tunnel)效应;发光;耿氏效应;契林柯夫效应;塞曼效应
28	控制电磁场	屏蔽,改变介质状态如提高或降低其导电性(例如增加或降低它在变化环境中的电导率);在电磁场相互作用下,改变与磁场相互作用物体的表面形状(利用场的相互作用,改变物体表面形状);引缩(pinch)效应
29	控制光	折射光和反射光;电现象和磁-光现象;弹性光;克尔效应和法拉第效应;耿氏效应;约瑟夫森(Franz-Keldysh)效应;光通量转换成电信号或反之;刺激辐射(受激辐射)
30	产生和加强化学变化	超声波(超高音频);亚声波;气穴现象;紫外线辐射;X射线辐射;放射性辐射;放电;形变;冲击波;催化;加热
31	分析物体成分	吸附;渗透;电场;辐射作用;物体辐射的分析(分析来自物体的辐射);光-声效应;穆斯堡尔(Mossbauer)效应;电子顺磁共振和核磁共振

(2) 化学效应

化学效应与物理效应之间联系紧密,化学效应伴随着物理效应,物理效应可以引起或加速化学变化,同时化学效应往往有能量的转换现象。化学效应举例,将催化剂放入各种化学成分(相互作用物质)的混合物中,可加速该混合物和成分之间的化学反应,如图10.13所示。放入催化剂为输入作用,加速化学反应为输出作用,控制参数为催化剂的类型、催化剂颗粒的尺寸和形状、混合物化学成分的类型以及温度。

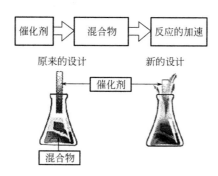

图10.13 催化剂加速化学反应

实现功能与化学效应的关系对照表,参见表10.3。

表10.3 实现功能与化学效应的关系对照表

编码	实现功能	化学效应
1	测量温度	热色反应;温度变化时化学平衡转变;化学发光
2	降低温度	吸热反应;物质溶解;气体分解
3	提高温度	放热反应;燃烧;高温自扩散合成物;使用强氧化剂;使用高热剂
4	稳定温度	使用金属合金;采用泡沫聚合物绝缘
5	检测物体的工况和定位	使用燃料标记;化学发光;分解出气体的反应
6	控制物体位移	分解出气体的反应;燃烧;爆炸;应用表面活性物质;电解
7	控制气体或液体的运动	使用半渗透膜;输送反应;分解出气体的反应;爆炸;使用氢化物
8	控制悬浮体(粉尘、烟、雾等)	与气悬物粒子机械化学信号作用的物质雾化
9	搅拌混合物	由不发生化学作用的物质构成混合物;协同效应;溶解;输送反应;氧化-还原反应;气体化学结合;使用水合物、氢化物
10	分解混合物	电解;输送反应;还原反应;分离化学结合气体;转变化学平衡;从氢化物和吸附剂中分离;应用半渗透膜;将成分由一种状态向另一种状态转变(包括相变)
11	物体位置的稳定(物体定位)	聚合反应(使用胶、玻璃水、自凝固塑料);使用凝胶体;应用表面活性物质;溶解黏合剂
12	感应力、控制力、形成高压力	爆炸;分解气体水合物;金属吸氢时发生膨胀;释放出气体的反应;聚合反应
13	改变摩擦力	由化合物还原金属;电解(释放气体);使用表面活性物质和聚合涂层;氢化作用

续表

编码	实现功能	化学效应
14	分解物体	溶解;氧化-还原反应;燃烧;爆炸;光化学和电化学反应;输送反应;将物质分解成组分;氢化作用;转变混合物化学平衡
15	积蓄机械能和热能	放热和吸热反应;溶解;物质分解成组分(用于储存);相变;电化学反应;机械化学效应
16	传输能量(机械能、热能、辐射能和电能)	放热和吸热反应;溶解;化学发光;输送反应;氢化物;电化学反应;能量由一种形式转换成另一种形式,再利用能量传递
17	可变的物体和不可变的物体之间相互形成作用	混合;输送反应;化学平衡转移;氢化转移;分子自聚集;化学发光;电解;自扩散高温聚合物
18	测量物体尺寸	与周围介质发生化学转移的速度和时间
19	改变物体尺寸和形式(形状)	输送反应;使用氢化物和水化物;溶解(包括在压缩空气中);爆炸;氧化反应;燃烧;转变成化学关联形式;电解;使用弹性和塑性物质
20	控制物体表面形状和特性	原子团再化合发光;使用亲水和疏水物质;氧化-还原反应;应用光色、电色和热色原理
21	改变表面特性	输送反应;使用水合物和氢化物;应用光色物质;氧化-还原反应;应用表面活性物质;分子自聚集;电解;侵蚀;交换反应;使用漆料
22	检测(控制)物体容量(空间)状态和性质(形状和特性)	使用色反应物质或者指示剂物质的化学反应;颜色测量化学反应;形成凝胶
23	改变物体容积性质(空间特性,密度和浓度)	引起物体的物质成分发生变化的反应(氧化反应、还原反应和交换反应);输送反应;向化学关联形式转变;氢化作用;溶解;溶液稀释;燃烧;使用胶体
24	形成要求的、稳定的物体结构	电化学反应;输送反应;气体水合物;氢化物;分子自聚集
25	显示电场和磁场	电解;电化学反应(包括电色反应)
26	显示辐射	光化学;热化学;射线化学反应(包括光色、热色和射线使颜色变化反应)
27	产生电磁辐射	燃烧反应;化学发光;激光器活性气体介质中的反应;发光;生物发光
28	控制电磁场	溶解形成电解液;由氧化物和盐生成金属;电解
29	控制光通量	光色反应;电化学反应;逆向电沉积反应;周期性反应;燃烧反应
30	激发和强化化学变化	催化剂;使用强氧化剂和还原剂;分子激活;反应产物分离;使用磁化水
31	物体成分分析	氧化反应;还原反应;使用显示剂
32	脱水	转变成水合状态;氢化作用;使用分子筛
33	改变相态	溶解;分解;气体活性结合;从溶液中分解;分离出气体的反应;使用胶体;燃烧
34	减缓和阻止化学变化	阻化剂;使用惰性气体;使用保护层物质;改变表面特性(见21"改变表面特性"一项)

(3) 几何效应

几何效应是指物体在空间的适应性,主要有双曲线、抛物线等。例如,火力发电厂的冷却塔塔身多为双曲面形无肋无梁柱薄壁空间结构,造型美观,如图10.14所示。由于单叶双曲面是一种直纹曲面,是完全可以通过直线的运动构造出来的一种曲面,双曲面形冷却塔接地面积少,采用薄壁结构,用相同的材料能够获得最大的容积和结构稳定,这样会减少风阻,水量损失小,冷却效果不受风力影响。

图 10.14 双曲面形的火力发电冷却塔

几何效应举例:改变旋转双曲面体底部的旋转角度,可以改变其最窄处的直径,如图 10.15 所示。可将旋转双曲面体看作是由最初的圆柱形笼演变而来的,其垂直棒等距铰接到圆形底部上,当底部转动时形成双曲面体,双曲面体表面的线(棒状物)在空间相交。双曲面体底部旋转角度的改变为输入作用,双曲面体最窄处直径的改变为输出作用,控制参数为底部直径和两底部之间的距离。这一形状的功能,可用于夹持放置在双曲面体最窄处的工件。

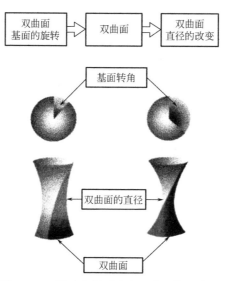

图 10.15 转动底部可改变双曲面体的直径

实现功能与几何效应的对照关系,参见表 10.4。

表 10.4 实现功能与几何效应的对照关系表

编码	实现功能	几何效应
1	质量不改变情况下增大和减小物体的体积	将各部件紧密包装;凹凸面;单叶双曲面

续表

编码	实现功能	几何效应
2	质量不改变情况下增大或减小物体的面积或长度	多层装配;凹凸面;使用截面变化的形状;莫比乌斯环;使用相邻的表面积
3	由一种运动形式转变成另一种形式	"列罗"三角形;锥形捣实;曲柄连杆传动
4	集中能量流和粒子	抛物面;椭圆;摆线
5	强化进程	由线加工转变成面加工;莫比乌斯环;偏心率;凹凸面;螺旋;刷子
6	降低能量和物质损失	凹凸面;改变工作截面;莫比乌斯环
7	提高加工精度	刷子(梳子、毛笔、排针、绒毛);加工工具采用特殊形状和运动轨迹
8	提高可控性	刷子(梳子、毛笔、排针、绒毛);双曲线;螺旋线;三角形;使用形状变化物体;由平动向转动转换;偏移螺旋机构
9	降低可控性	偏心率;将圆周物体替换成多角形物体
10	提高使用寿命和可靠性	莫比乌斯环;改变接触面积;选择特殊形状
11	减小作用力	相似性原则;保角映像;双曲线;综合使用普通几何形状

(4) 生物效应

生物效应是指某种外界因素（如生物物质、化学药品、物理因素等）对生物体产生的影响，是对生物体造成影响的外在表现所观察到的现象。例如，磁场大小适量对身体具有改善微循环、镇痛、镇静、消炎、消肿等生物效应，当磁场过量时，却会对身体产生损伤。借用某些生物效应的案例较为有趣。例如，在电视剧《大染坊》中，主人公陈寿亭把鱿鱼爪放入正在加热的染缸中。如果鱿鱼爪很快打卷了，就是到了最合适染布的水温，他就立即指挥工人把棉布放入染缸。在这里，鱿鱼爪的生物效应（遇热打卷）起到了传感器的作用。自2013年以来，英国警方使用蜜蜂作为传感器来缉毒获得了不错的效果。蜜蜂的嗅觉灵敏度高出缉毒犬百倍以上，其特点是闻到了毒品的味道就伸舌头，舌头可以被红外传感器探测到。于是，利用这个生物效应，人们把训练好的蜜蜂无损地固定在一个标准的塑料卡件内，每次以6个蜜蜂为一组，放在一个箱式探测器之内，然后用来检测行李。如果同时有3个蜜蜂伸出舌头，就说明行李中藏有毒品。这种技术明显地提高了检测成功率。

生物效应举例，如河蚌对环境中的有害杂质的浓度具有敏感性（属性），当水中有害杂质的浓度达到一定量时，河蚌就会合上其蚌壳。当有害物质的浓度降低后，蚌壳重新打开，如图10.16所示。可以利用这一生物效应来诊断危险化学品生产企业的废水处理设施。关于

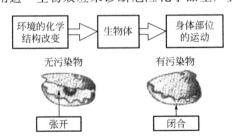

图 10.16 环境的化学构成改变导致生物体发生运动

生物效应的汇总还没有收集到更翔实的资料，无法提供详细的效应汇总表。

10.2.4 应用效应解决问题的步骤

应用效应解决问题的步骤与 TRIZ 中寻求技术问题解决方案的流程非常相似，在传统 TRIZ 体系中一般将应用科学效应与知识库解决问题的过程分为以下几步，如图 10.17 所示。

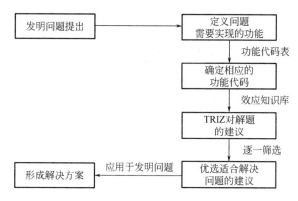

图 10.17　科学效应的应用步骤

用文字可以表述为：

① 定义解决此问题所要实现的功能；
② 根据功能确定与此功能相对应的代码，此代码是 F1～F30 中的一个；
③ 查找此功能代码下 TRIZ 所推荐的科学效应和现象，获得 TRIZ 推荐的科学效应的名称；
④ 筛选所推荐的每个科学效应，优选出适合本问题的科学效应；
⑤ 查找优选出来的每个科学效应的详细解释，并应用于问题的解决，形成解决方案。

应用科学效应和现象解决技术问题非常简单，如同超市购物流程，选择欲购物种类，衡量同类产品的性价比便于做出最终决定。

10.3　案例分析

案例 1　肾结石提取工程问题（形状记忆效应、热膨胀效应）

（1）问题和功能分析

传统的肾结石提取器无法破坏较大的结石，要实现对较大结石的破碎，必须在较小的空间内产生一个较大的力，如图 10.18 所示。

（2）确定需求的功能

需求的功能：产生力。

（3）查找效应

产生力：胡克效应、电场效应、磁场效应等。

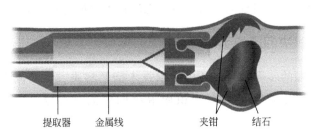

图 10.18　肾结石提取器

产生形变：形状记忆效应、热膨胀效应等。

（4）利用效应

通过流体加热形状记忆合金使其产生形变，利用形状记忆合金的形变产生力，效应模式如图 10.19 所示。

图 10.19　肾结石提取器串联效应

（5）解决方案

先用拉力使形状记忆合金产生形变，然后用热水使形状记忆合金恢复初始状态，这样就能实现肾结石提取器在小空间内产生较大的力，如图 10.20 所示，提取器的方案如图 10.21 所示。

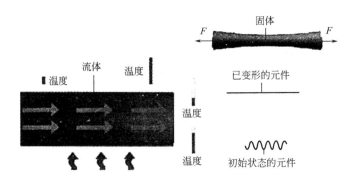

图 10.20　肾结石提取器产生力的原理

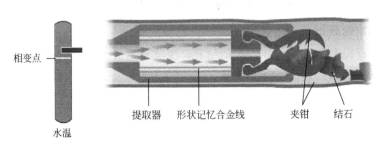

图 10.21　肾结石提取器的方案

案例2 "自加热"握笔手套创新设计(珀尔贴效应)

(1) 问题描述

寒冷的环境里书写时间过长手会变得僵硬,不方便写字。我们运用 TRIZ 的知识,对书写过程进行改进,通过增加中介物使书写过程产生一定的热量,这就解决了我们冬天写字手冷的问题。

(2) 书写过程分析

① 物-场分析。首先,根据上述 TRIZ 所提供的物-场模型分析方法对书写过程进行物-场分析,在冬天书写时,由于环境温度比较低,笔无法提供足够的热量保持书写的流畅,对此现象进行分析,发现是不完整的物-场模型,模型中存在两个物质:S_2 是笔,S_1 是手,但是缺少一个场,这个场是热场,再根据不完整的物-场模型解决对策,增加一个热场来构成一个完整的物-场模型,如图 10.22 所示。

图 10.22 不完整物-场模型向完整物-场模型转换

由此,可以产生想法:需要一个热场来提供热量,可以通过电源供电,使电阻丝发热来给我们的手带来热量,即在笔上增加加热装置,使书写笔能够自己发热,给人手提供热量。但是笔的空间太小,实现起来比较困难,于是我们寻求在比较大的空间——人手的周围来解决问题,想到可以增加中介物——手套的方式来解决,但是手套还是不能提供足够的热量,因此在手套中增加加热装置,但是使用传统的电阻丝来加热依然存在问题,如占用空间较大、供电问题、加热较慢等。

② 科学效应分析。有了上面的分析结果,再根据科学效应和现象对书写过程进行分析,分析过程如下:

a. 首先根据要解决在天气寒冷的情况下手冷的问题,确定需要提高温度。

b. 根据 a 中得到的"提高温度"功能,确定与此功能相对应的代码,就是 F_3:提高温度。

c. 接着根据 b 中得到的代码,查找 TRIZ 所推荐的科学效应和现象。

d. 在 c 中得到了很多种推荐的科学现象,通过分析这些现象,我们选择珀耳贴效应。1834 年珀尔贴发现,当一块 N 型半导体(电子型)和一块 P 型半导体(空穴型)联结成一个电偶,并在串联的闭合回路中通以直流时,在其两端的结点将分别产生吸热和放热现象,人们称这一现象为珀尔贴效应。

e. 查找优先选出来的每个科学效应和现象的详细解释,并应用于问题的解决,形成解决方案。

由上面的分析,产生进一步的想法:使用半导体制冷片进行加热,可以给我们的手带来热量。

(3) 创新设计

综合上面的分析,首先试图通过给笔增加加热装置来提高温度,随即发现笔的空间有限,提供的热量就有限,同时笔和人手的接触面积比较小,传导到人手的热量就更少了,不能彻底解决问题。于是对问题进行进一步的深入研究,发现造成手冷的因素不仅是笔,还有环境,在书写过程中,人手大部分暴露在环境中,并且主要的是手背部分,故而,转入如何提高手背部分的温度问题,设想在手的有限空间中增加一个能够自加热的"握笔手套",使之能够提供热量。而后想到了电阻加热丝,但是没有足够的电源来提供能量,加热的速度也比较慢。所以要解决问题就需要找到一种热效率更高的器件,于是利用 TRIZ 所提供的方法想到了车载冰箱所用的制冷器件——半导体制冷片。半导体制冷片也叫热电制冷片,如图 10.23 所示,是一种热泵。利用半导体材料的 Peltier 效应,当直流电通过两种不同半导体材料串联成电偶时,在电偶的两端即可分别吸收热量和放出热量,可以实现制冷的目的,同时也可以实现加热的目的。这样就可以实现提高温度的目的,同时也可以解决空间受限的问题。依据上面分析,我们只需对普通手套进行改进,添加电池、开关、温度控制装置、发热装置——半导体制冷片即可,模型如图 10.24 所示。

 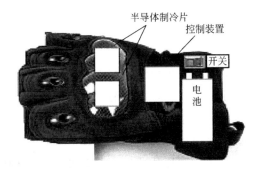

图 10.23 半导体制冷片　　　　图 10.24 自加热握笔手套模型

(4) 结论

使用 TRIZ 中的物-场分析和科学效应,对书写过程进行分析,得到了创新设计——自加热握笔手套,解决了在特殊的环境下,特别是在寒冷的环境里,书写时间长了手会变得僵硬、不方便写字的问题。但是现在的设计是在原有的手套中进行的,原有的手套使书写不太方便,进一步的解决思路就是如何将手套进行改进,使之不阻碍书写。

案例 3　可测温儿童汤匙的设计(热敏性物质)

(1) 提出问题

给婴儿喂饭时一般需要向盛放食物的勺子吹一吹使食物冷却,甚至用嘴触碰以确保不烫伤婴儿。而成人的口中有很多细菌,会给婴儿健康带来隐患,但如果不尝食物,又可能导致食物的温度过高烫伤婴儿。

(2) 分析问题

提出概念:通过分析可知,该问题的关键是婴儿的喂养者需要准确知道食物的温度却不能品尝食物。至此分别列出汤匙设计的主要问题和次要问题，如图10.25所示。

图10.25 汤匙问题分析图

（3）查找一种效应解

在该问题中需要实现的功能是测量温度，对应的效应有热膨胀、热双金属片、汤姆逊效应、热电现象、热电子发射、热辐射、电阻、热敏性物质、居里效应、巴克豪森效应、霍普金森效应等，详细研究每个效应的解释后选择热敏性物质——受热时就会发生明显状态变化的物质。由于热敏性物质可在很窄的温度范围内发生极速的变化，所以常用来显示温度。

（4）功能解

在汤匙头部预置感温材料（热敏性物质），汤匙末端安装小显示屏和发光管，既可以显示温度，又会在温度过高时发出高温提示。

思考与练习

1. 科学效应的应用模式主要有哪些？
2. 应用效应解决问题的步骤是什么？

附录

附录1 76个标准解

附表1.1 76个标准解类别及数量

类别	子系统个数	标准解个数
第一类:建立或完善物-场模型的标准解系统	2	13
第二类:强化物-场模型的标准解系统	4	23
第三类:向双、多、超级或微观级系统进化的标准解系统	2	6
第四类:测量与检测的标准解系统	5	17
第五类:应用标准解的策略与准则	5	17
合计		76

附表1.2 第一类：建立或完善物-场模型的标准解系统

子系统	标准解法
S1.1 建立物-场模型	S1.1.1 建立完整的物-场模型 S1.1.2 引入附加物 S_3 构建内部合成的物-场模型 S1.1.3 引入附加物 S_3 构建外部合成的物-场模型 S1.1.4 直接引入环境资源,构建外部物-场模型 S1.1.5 构建通过改变环境引入附加物的物-场模型 S1.1.6 最小作用场模式 S1.1.7 最大作用场模式 S1.1.8 选择性最大和最小作用场模式
S1.2 消除物-场模型的有害效应	S1.2.1 引入现成物质 S_3 S1.2.2 引入已有物质 S_1(或 S_2)的变异物 S1.2.3 在已有物质 S_1(或 S_2)内部(或外部)引入物质 S_3 S1.2.4 引入场 F_2 S1.2.5 采用退磁或引入一相反的磁场

附表1.3　第二类：强化物-场模型的标准解系统

S2.1	向复合物-场模型进化	S2.1.1　引入物质向串联式物-场模型进化 S2.1.2　引入场向并联式物-场模型进化
S2.2	加强物-场模型	S2.2.1　使用更易控制的场替代 S2.2.2　分割物质S_2（或S_1）结构，达到由宏观控制向微观控制进化 S2.2.3　改变物质S_2（或S_1），使其成为具有毛细管或多孔的结构 S2.2.4　增加系统的动态性 S2.2.5　构造异质场或持久场或可调节的立体结构场替代同质场或无结构的场 S2.2.6　构造异质物质或可调节空间结构的非单一物质替代同质物质或无组织物质
S2.3	利用频率协调强化物-场模型	S2.3.1　场F与物质S_1和S_2自然频率的协调 S2.3.2　合成物-场模型中场F_1和F_2自然频率的协调 S2.3.3　通过周期性作用来完成2个互不相容的或2个独立的功能
S2.4	引入磁性添加物强化物-场模型	S2.4.1　应用固体铁磁物质，构建预-铁-场模型 S2.4.2　应用铁磁颗粒，构建铁-场模型 S2.4.3　利用磁性液体构建强化的铁-场模型 S2.4.4　应用毛细管（或多孔）结构的铁-场模型 S2.4.5　构建内部的或外部的合成铁-场模型 S2.4.6　将铁磁粒子引入环境，通过磁场来改变环境，从而实现对系统的控制 S2.4.7　利用自然现象和效应 S2.4.8　将系统结构转化为柔性的、可变的（或可自适应的）来提高系统的动态性 S2.4.9　引入铁磁粒子，使用异质的或结构化的场代替同质的非结构化场 S2.4.10　协调系统元素的频率匹配来加megh预-铁-场模型和铁-场模型 S2.4.11　引入电流，利用电磁场与电流效应，构建电-场模型 S2.4.12　对禁止使用磁性液体的场合，可用电流变流体来代替

附表1.4　第三类：向双、多、超级或微观级系统进化的标准解系统

S3.1	向双系统或多系统进化	S3.1.1　系统进化1a:创建双、多系统 S3.1.2　改进双、多系统间的链接 S3.1.3　系统进化1b:加大元素间的差异性 S3.1.4　双、多系统的进化 S3.1.5　系统进化1c:使系统部分与整体具有相反的特性
S3.2	向微观级系统进化	系统进化2:向微观级系统进化

附表1.5　第四类：测量与检测的标准解系统

S4.1	间接方法	S4.1.1　改变系统，使检测或测量不再需要 S4.1.2　应用复制品间接测量 S4.1.3　用2次检测来替代

续表

S4.2	建立测量的物-场模型	S4.2.1 建立完成有效的测量物-场模型 S4.2.2 建立合成测量物-场模型 S4.2.3 检测或测量由于环境引入附加物后产生的变化 S4.2.4 检测或测量由于改变环境而产生的某种效应的变化
S4.3	加强测量物-场模型	S4.3.1 利用物理效应和现象 S4.3.2 测量系统整体或部分的固有振荡频率 S4.3.3 测量在与系统相联系的环境中引入物质的固有振荡频率
S4.4	向铁-场测量模型转化	S4.4.1 构建预-铁-场测量模型 S4.4.2 构建铁-场测量模型 S4.4.3 构建合成铁-场测量模型 S4.4.4 实现向铁-场测量模型转化 S4.4.5 应用于磁性有关的物理现象和效应
S4.5	测量系统的进化方向	S4.5.1 向双系统和多系统转化 S4.5.2 利用测量时间或空间的一阶或二阶导数来代替直接参数的测量

附表 1.6 第五类：应用标准解的策略与准则

S5.1	引入物质	S5.1.1 间接方法 S5.1.2 将物质分裂为更小的单元 S5.1.3 利用能"自消失"的添加物 S5.1.4 应用充气结构或泡沫等"虚无物质"的添加物
S5.2	引入场	S5.2.1 首先应用物质所含有的载体中已存在的场 S5.2.2 应用环境中已存在的场 S5.2.3 应用可以创造场的物质
S5.3	相变	S5.3.1 相变1:变换状态 S5.3.2 相变2:应用动态化变换的双特性物质 S5.3.3 相变3:利用相变过程中伴随的现象 S5.3.4 相变4:实现系统由单一特性向双特性的转换 S5.3.5 应用物质在系统中相态的变换作用
S5.4	利用自然现象和物理现象	S5.4.1 应用由"自控制"实现相变的物质 S5.4.2 加强输出场
S5.5	通过分解或结合获得物质粒子	S5.5.1 通过分解获得物质粒子 S5.5.2 通过结合获得物质粒子 S5.5.3 兼用S5.5.1和S5.5.2获得物质粒子

附录2 冲突矩阵表

扫码阅读或下载

参 考 文 献

[1] 赵敏，张武城，王冠珠. TRIZ 进阶及实战［M］.北京：机械工业出版社，2016.
[2] 罗玲玲.创新能力开发与训练教程［M］.沈阳：东北大学出版社，2006.
[3] 罗玲玲.大学生创新方法［M］.北京：高等教育出版社，2017.
[4] 张士运，林岳. TRIZ 创新理论研究与应用［M］.北京，华龄出版社，2010.
[5] 张武城.技术创新方法概论［M］.北京：科学出版社，2009.
[6] 赵新军.技术创新理论（TRIZ）及应用［M］.北京：化学工业出版社，2004.
[7] 赵新军，李晓青，钟莹.创新思维与技法［M］.北京：中国科学技术出版社，2014.
[8] 赵新军，孙晓枫.40 条发明创造原理及其应用［M］.北京：中国科学技术出版社，2014.
[9] 闻邦椿，赵新军，刘树英.科技创新方法论浅析［M］.北京：科学出版社，2015.
[10] 闻邦椿，刘树英，赵新军.创新创业方法学［M］.北京：中国社会科学出版社，2016.
[11] 林岳.技术创新实施方法论［M］.北京：中国科学技术出版社，2009.
[12] Altshuller G S. Creativity as an Exact Science. Gorden and Breach Science Publishers Inc. 1984.
[13] Altshuller G S. The Innovation Algorithm，TRIZ，Systematic Innovation and Technical Creativity. Worcester：Technical Innovation Center，INC，1999.
[14] Savransky S D. Engineering of Creativity，CRC Press，2000.
[15] John Terninko. Systematic Innovation，St，Lucie Press，1998.
[16] Geoff Tennant. Design for Six Sigma，Gower Publishing Limited，2002.
[17] Genichi Taguchi. Robust Engineering，McGraw-Hill，1999.
[18] Genichi Taguchi. The Mahalanobis-Taguchi System，New York，1996.
[19] Taguchi. System of experimental design：Engineering methods to optimize quality and minimize costs，White Plains，N. Y.：UNIPUB/Kraus International Publications，1987.
[20] 唐五湘.创新论［M］.北京：高等教育出版社，1999.
[21] 夏国藩.技术创新与技术转移［M］.北京：航空工业出版社，1993.
[22] 檀润华.创新设计—TRIZ 发明问题解决理论［M］.北京：机械工业出版社，2002.
[23] 张性原，等.设计质量工程［M］，北京：航空工业出版社，1996.
[24] 黄纯颖，等.机械创新设计［M］，北京：高等教育出版社，2000.
[25] Г·С·阿里特舒列尔.创造是精确的科学［M］.魏相，徐明泽，译.广州：广东人民出版社，1987.
[26] Karl T. Ulrich.产品设计与开发［M］.杨德林，译.大连：东北财经大学出版社，2001.
[27] John Terninko. The QFD，TRIZ and Taguchi Method Connection［J］. TRIZ Journal，1998.
[28] Michael Schlueter. QFD by TRIZ［J］. The TRIZ Journal，2001.
[29] Domb E. 40 Inventive Principles With Examples［J］. The TRIZ Journal，1997.
[30] John Terninko. The QFD，TRIZ and Taguchi Connection：Customer-Driven Robust Innovation［J］. The Ninth Symposium on Quality Function Deployment，1997.
[31] Mann D L. Stratton R. Physical Contradictions and Evaporating Clouds［J］. The TRIZ Journal，2000.
[32] Yoji Akao. QFD：Past，Present and Future［C］. International Symposium on QFD'97，Linkoping，1997.
[33] Ellen Domb. Dialog on TRIZ and Quality Function Deployment［J］. The TRIZ Journal，1998.
[34] Amir H M. Empowering Six Sigma methodology via the Theory of Inventive Problem Solving（TRIZ）［J］. The TRIZ Journal，2003.
[35] Zusman A. An Application of Directed Evolution，http：//www. ideationtriz. com/Endoscopic Case_Study. htm.
[36] Timothy G C. Design and analysis of a method for monitoring felled seat seam characteristics utilizing TRIZ Methods，The TRIZ Journal，1999.

[37] Darrell Mann. Case Studies In TRIZ：A Re-Usable，Self-Locking Nut［J］. The TRIZ Journal，1999.

[38] Elena Novitskaya. TRIZ-Principles for Art-Composition，http：//www.gnrtr.com/problems/en/p07.html.

[39] Severine Gahide. Application of TRIZ to Technology Forecasting Case Study：Yarn Spinning Technology［J］. The TRIZ Journal，2000.

[40] Nathan Gibson. The Determination of the Technological Maturity of Ultrasonic Welding［J］. The TRIZ Journal，1999.

[41] Sanjana Vijayakumar. Maturity Mapping of DVD Technology［J］. The TRIZ Journal，1999.

[42] Michael Slocum. Technology Maturity using S-curve Descriptors［J］. The TRIZ Journal，1998.

[43] Victor R F. Guided Technology Evolution（TRIZ Technology Forecasting）［J］. The TRIZ Journal，1999.

[44] Jörg Stelzner. TRIZ on Rapid Prototyping-a case study for technology foresight［J］. The TRIZ Journal，2003，7：45-55.

[45] Elena Novitskaya. Who invented a wheel，http：//www.gnrtr.com/tendencies/en/tendencies.html.

[46] 牛占文，等. 发明创造的科学方法论—TRIZ［J］. 中国机械工程，1999，1：3-7.

[47] 檀润华，等. 基于QFD及TRIZ的概念设计过程研究［J］. 机械设计，2002，9：1-4.

[48] 檀润华，等. 发明问题解决理论：TRIZ—技术冲突及解决原理，机械设计，2001（专集）.

[49] 科茨，等. 论技术预测的未来［J］. 国外社会科学，2002，2：99-100.

[50] 赵长根. 德国的技术预测研究［J］. 政策与管理，2001，5：16-17.

[51] 钟鸣. 日本的技术预测研究［J］. 政策与管理，2001，10：26-27.

[52] 黄旗明，等. 基于AGENT的协同TRIZ研究［J］. 中国图像图形学报，2001，5：507-509.

[53] 马怀宇，孟明辰. 基于TRIZ/QFD/FA的产品概念设计过程模型［J］. 清华大学学报（自然科学版），2001，11：56-59.

[54] 郑称德. TRIZ的产生及其理论体系（Ⅰ）［J］. 科技进步与对策，2002，1：112-114.

[55] 郑称德. TRIZ的产生及其理论体系（Ⅱ）［J］. 科技进步与对策，2002，1：88-90.

[56] Aircraft in plasma cloud，http：//www.gnrtr.com/solutions/en/s081.html.

[57] Domb，E.. 40 Inventive Principles With Examples［J］. The TRIZ Journal，July 1997.

[58] Semiconductor International，http：//www.e-insite.net/semiconductor.

[59] US Patent 6144547，2000. Miniature surface mount capacitor and method of making same.

[60] Electronic Components News，http：//www.e-insite.net/ecnmag.

[61] Electronic Packaging & Production Professionals，http：//www.e-insite.net/epp.

[62] The TRIZ Journal，http：//www.triz-journal.com.

[63] Semiconductor International，http：//www.e-insite.net/semiconductor.

[64] Electronic Packaging & Production Professionals，http：//www.e-insite.net/epp.

[65] The Altshuller Institute for TRIZ Studies，http：//www.aitriz.org.

[66] The European TRIZ Association，http：//www.etria.net.

[67] Ideation International，Inc.，http：//www.ideationtriz.com.

[68] Invention Machine，Inc.，http：//www.invention-machine.com.

[69] The Official TRIZ WWW Site（The TRIZ Experts），http：//www.jps.net/triz.

[70] OTSM-TRIZ Technology Center in Minsk，Belarus（in Russian），http：//www.triz.minsk.by.

[71] TRIZ-Online Start site（in German），http：//www.triz-online.de.

[72] The TRIZ Empire Home Page，http：//home.earthlink.net/~lenkaplan.

[73] TRIZ Home Page in Japan，http：//www.osaka-gu.ac.jp/php/nakagawa/TRIZ.

[74] Mitsubishi Research Institute，http：//www.internetclub.ne.jp/IM/eIM/eindex.html.

[75] American Supplier Institute，http：//www.amsup.com.

[76] QFD Institute，http：//www.qfdi.org.

[77] Zhao xinjun. Research on New Kind of Plough by Using TRIZ and Robust Design [J]. TRIZ Journal June,2003.

[78] Zhao xinjun. Develop New Kind of Plough by Using TRIZ and Robust Design [J]. TRIZCON 2003,2003.

[79] Zhao xinjun. Design Quality Control andManagement:Integration of TRIZ and QFD [J]. Proceeding of 2002 IC-MSE,2002.

[80] 赵新军. QFD 与 TRIZ 在产品设计过程中的集成 [J]. 疲劳与断裂工程设计,2002.

[81] 赵新军. 产品研发过程中田口方法与 TRIZ 的比较 [J]. 机械设计与研究(专集),2002.

[82] 赵新军. 基于 QFD、TRIZ 和田口方法的设计质量控制技术 [J]. 机械设计(专集),2002.

[83] 林晓宁. 源头质量设计-质量功能展开应用评述,依诺维特杯学术会议文献咨询网,2003.

[84] 侯明曦. 产品技术预测方法的分析与研究,依诺维特杯学术会议文献咨询网,2003.

[85] Zhao Xinjun. Product Design Quality Innovation [M]. ShenYang:Northeastern University,2002.

[86] 孙永伟,谢尔盖·伊克万科. TRIZ 打开创新之门的金钥匙 [M]. 北京:科学出版社,2015.

[87] Sergei Ikovenko. MATRIZ 一级、二级和三级培训资料.

[88] Simon S. Litvin. Main Parameters of Value Discovery.